Perry 小鼠实验系列丛书

Perry小鼠实验
手术操作

Perry's Surgery and Operation on Laboratory Mouse

刘彭轩　著

北京大学出版社
PEKING UNIVERSITY PRESS

图书在版编目（CIP）数据

Perry 小鼠实验手术操作 / 刘彭轩著 . —北京：北京大学出版社，2022.10
（Perry 小鼠实验系列丛书）
ISBN 978-7-301-33282-5

Ⅰ.①P… Ⅱ.①刘… Ⅲ.①鼠科－实验医学－外科手术 Ⅳ.①Q959.837

中国版本图书馆CIP数据核字（2022）第153278号

Translation from the English language edition:
Liu's Principles and Practice of Laboratory Mouse Operations: A Surgical Atlas
by Pengxuan Liu and Don Liu
Copyright © 2022 by Pengxuan Liu and Don Liu, under exclusive license to Springer Nature Switzerland AG.
All Rights Reserved.

书　　　名	Perry 小鼠实验手术操作
	Perry XIAOSHU SHIYAN SHOUSHU CAOZUO
著作责任者	刘彭轩　著
责 任 编 辑	黄　炜
标 准 书 号	ISBN 978-7-301-33282-5
出 版 发 行	北京大学出版社
地　　　址	北京市海淀区成府路205号　100871
网　　　址	http://www.pup.cn　　新浪微博：@北京大学出版社
电 子 信 箱	zpup@pup.cn
电　　　话	邮购部 010-62752015　发行部 010-62750672　编辑部 010-62764976
印 刷 者	北京九天鸿程印刷有限责任公司
经 销 者	新华书店
	720毫米×1020毫米　16开本　22.75印张　443千字
	2022年10月第1版　2022年10第1次印刷
定　　　价	270.00元

影像编辑　　　王成稷

病理编辑　　　寿旗扬

美术编辑　　　罗豆豆

专业顾问　　　王增涛

共同作者

（以拼音为序）

纪　莲

马元元

尚海豹

寿旗扬

王成稷

感谢专业图片支持

（以拼音为序）

李晓峰　李光轩　辛晓明

特别鸣谢

（以拼音为序）

济南益延科技发展有限公司

界定医疗科技（北京）有限责任公司

思科诺思生物科技（北京）有限公司

苏州西山生物技术有限公司

中动创新（北京）新媒体科技有限公司

中生北动（北京）科技发展有限公司

序

　　有幸看到本书初稿后，眼前立即浮现出一句古诗——"笔落惊风雨，诗成泣鬼神。"

　　说是一本书，其实更像是一本原创学术论文集，是 Perry 老师几十年来在小鼠实验操作方面的实践经验与感悟的总结。书中提出了很多不同于以往的新方法、新观点和新理念，纠正了一些在其他教科书中沿用多年的错误方法与概念。例如：小鼠捉拿手法上否定了多年来在不少教科书中介绍的方法；自创的麻醉面罩，利用小鼠门齿特点设计门齿挂钩，配合磁性面板，可以随时变动小鼠体位甚至悬挂转移小鼠；精确到微升水平的注射器使用方法；系统地提出了小鼠体位专业概念；依据小鼠解剖特点，首创撕尾技术，用于背路暴露和标本采集；静脉植线颈外静脉线栓制作技术……特别是关于术中镊子与剪子的使用，总结出了数十种方法，给我很多启发，很想推荐给外科医生学习借鉴。创新内容布满全书，Perry 老师"不期修古，不法常可"，"不仙不佛不贤圣，笔墨之外有主张"。

　　小鼠在当今实验动物中的占比越来越多，传统的小鼠实验操作很多都是借用临床手术方法，但是在体重大约只有人体 1/3000 的小鼠身上照搬套用临床手术方法肯定不合适，有时会严重影响实验结果，甚至会导致实验失败。这些年与 Perry 老师交流时，常常会聊到一些从事小鼠实验的朋友因为"不得法"而数月、数年努力白费的事，我一直建议 Perry 老师出版小鼠实验系列丛书。丛书的第一部《Perry 实验小鼠实用解剖》出版后，受到国内、国际同行们的热烈欢迎。现今包含 Perry 老师多年心血的全新观念、实用性极强的《Perry 小鼠实验手术操作》终于出版，"请君莫奏前朝曲，听唱新翻杨柳枝"。

　　书中的图片不只是清晰度高，而且处处暗藏 Perry 老师的学术思想。因为与 Perry

老师是好朋友，平时交流较多，所以知道一些图片背后的故事。11 年前他做的小鼠心脏显微血管造影照片，很是让我惊艳。配制的造影剂、设计的注射方法、自制的辅助设备等自然都有 Perry 老师的独特之处，拍摄角度的选取也很讲究，因拍摄角度稍有改变，照片所表达的学术思想就会有明显的不同。更让我没想到的是，他把小鼠放在液体中拍摄，让背景干扰更小、图片质量更好。

读《Perry 小鼠实验手术操作》，"片言可以明百意，坐驰可以役万里"。非常荣幸且非常迫切地想向同行们推荐此书。让我们"奇文共欣赏，疑义相与析"。

王增涛

山东大学、山东第一医科大学、南方医科大学教授

台湾长庚医院整形外科系客座教授

The Buncke Medical Clinic 客座教授

中国医师协会显微外科医师分会副会长

国际超级显微外科学会（ICSM）执行理事

2022 年夏

凡例

一、《Perry 实验小鼠实用解剖》（以下简称《实用解剖》）为"Perry 小鼠实验系列丛书"（以下简称"丛书"）的基础分册，介绍了小鼠实验技术操作的基础。《Perry 小鼠实验标本采集》（以下简称《标本采集》）、《Perry 小鼠实验给药技术》（以下简称《给药技术》）、《Perry 小鼠实验手术操作》（以下简称《手术操作》）为丛书的技术分册，涵盖了小鼠实验中常用的和创新的专业手术技巧和操作技术。

二、《标本采集》《给药技术》《手术操作》在介绍操作技术时，大部分包括背景、解剖基础、器械与耗材、操作方法（含操作讨论）等内容。"背景"对一项技术操作当前状况、使用范围等予以简单介绍；"解剖基础"是在《实用解剖》基础上，对本章涉及的局部解剖做针对性的介绍；"器械与耗材"列出技术操作中涉及的主要器械与耗材；"操作方法"详细介绍各技术的操作流程，图、文、视频并茂，操作方法中的"→""↓"等符号用于向读者提示大致的阅读方向。其中的"操作讨论"围绕技术操作展开，内容包括对可能出现问题的分析及其解决办法、操作技术的要点和应用范围、操作结果的检验等。

三、理论和实际应用联系紧密，各种操作技术之间也相互关联，任何一种技术都不可能独立地存在，因此，为了方便读者更好地查找、运用理论知识和技术要点，在基础分册和三本技术分册中分别用不同颜色的数字给读者以提示。其中，颜色代表不同的分册，红色为《实用解剖》，绿色为《标本采集》，蓝色为《给药技术》，咖啡色为《手术操作》；数字代表章的序号。例如，❸ 表示读者可以参阅《实用解剖》第 3 章的相关知识。随套装图书赠送的解剖-操作检索总图的颜色标记亦从此例。另外，数字的位置体现了与知识点的相关性。在每册书的最后附有"丛书索引"，可以查询所涉及的理论知识和技术要点的章名，便于读者有针对性地阅读图书或观看视频。

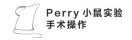
四、在各技术分册的"器械与耗材"中给出了所用器械的名称，在"操作方法"中，为了描述的简洁，在不影响理解、不出现混淆的情况下，一些常用器械和耗材用其简称，例如，用剪子、镊子代指"器械与耗材"中给出的各类剪子和镊子，用针持代指显微针持，用烧烙器代指电烧烙器，控制器代指小鼠控制器等。

五、四本分册都采用"互联网+"技术，分别通过一书一码为读者提供专业操作视频，在书内标注▶之处，即表示该操作有相应视频可供读者学习;《实用解剖》还为读者提供了一个实验人员在线交流互动的平台。

目录

前言

　　临床手术操作技术在不断推陈出新，而实验小鼠手术从模仿临床方法起步，几十年来还没能全面建立起专业的操作体系。现在到了进入小鼠专业操作的时候了，笔者期望本书能够在系统地"出临进专"中起到抛砖引玉的作用。

　　本书介绍小鼠实验中的手术操作技术。其宗旨在于给读者展示"专业"的小鼠实验操作方法，为初学者尽快迈过"专业门槛"助力，也为同道的"专业交流"提供媒介。

　　实验动物手术操作技术，对于大鼠等体形较大的动物，基本与临床类似；对于体形不到大鼠 1/10 的小鼠，则与临床区别巨大。在笔者历经长期、大量的小鼠手术操作技术探索后，逐渐形成了自成体系的与临床和大动物手术操作不同的方法。本书将着重于这些专业方法的介绍，书中依然保留少许传统方法，仅作为对比，供读者参考。

　　一些从事动物实验的研究人员、技术人员和研究生，由于缺乏系统的小鼠实验手术操作技术专业教材和专业老师的指导，往往只能先学习临床手术方法，然后将其用到小鼠实验操作中，等碰了壁再总结经验教训，摸索前行。

　　笔者希望本书能够帮助初学者打下一个良好的小鼠专业手术操作基础，从最基本的控制小鼠开始，就进入小鼠实验操作的专业领域，避免走弯路。

　　目前小鼠实验中使用的器械，例如，剪子、镊子和注射器等，基本都是为临床手术设计生产的。用非专业的工具器械做专业的操作是我们目前无法回避的现实，因此，实验人员唯有使用专业手法和技术才有望摆脱因此造成的困境。在本书中设立了专门篇章介绍临床工具在小鼠实验中的专业使用方法。

　　专业的小鼠实验操作方法是依据小鼠解剖特点设计的，不是照搬临床的方法。例如，在进行小鼠内脏标本采集时，如果按照常规临床模式，需要备皮、开腹等步骤，烦琐且低效。小鼠为松皮动物，暴露躯干无须备皮，用剥皮的方法，数秒钟即可干净快捷地达到目

的。又如，根据雌鼠尿道口独立开口于皮肤表面的解剖特点，生殖器官标本采集用剥皮的方法，可以避免开腹，分分钟搞定。再如，撕尾技术是笔者根据小鼠组织脆弱的特点研发的从背路暴露腹腔和胸腔的方法。这些操作都有很高的实用价值，在本书中均有详细介绍。

"手术基础"部分是小鼠手术操作的预备篇。笔者按照手术的最基本操作，分为合、断、插三大类，每一类又分为若干术式，每种术式都结合一项具体操作来介绍。例如，在"断"这类操作中，介绍了组织器官断开的 8 种方法。例如，小鼠层状软组织器官的断开，多不必遵循临床的切开或剪开的方法，用小鼠手术操作中的专业的划开方法又快又整齐。无论是腹部皮肤、腹壁肌肉还是黏膜，专业的手法都应首选划开。本书以舌黏膜划开为例，介绍了在小鼠几微米薄的组织上，如何进行深度精准的划开操作：既不用剪子，也不用普通的手术刀片，仅用显微尖刀配合注射针头完成精准的舌黏膜划开。

"血管手术"通过 40 章专门介绍了多种小鼠血管手术操作技术，例如，各种出凝血、截流止血、血管开窗、血管插管和血管吻合等技术操作。这些都是继手术基础后的实践篇。在这里，读者会看到笔者设计制作的用于颈总动脉插管的垫片、血流阻断管、吸入麻醉面罩、塑料穿刺头等小操作器械，还可以看到一些独特的技术，例如，短路插管、先插后接等。这些都是小鼠实验操作的专业工具和技术。

总之，本书是笔者和共同作者根据自己对小鼠解剖的研究，经多年操作经验验证，总结出来的个人体会，仅仅代表个人的专业观点，其中谬误和不足，还望不吝赐教。

本书能顺利出版发行，少不了众多专业友人的鼎力相助。

首先，感谢共同作者纪莲、马元元、尚海豹、寿旗扬和王成稷五位专家为本书锦上添花。尤其感谢王成稷的无私付出。本书图片占比极大，而且大多数操作都有视频展示。王成稷不但是本书的共同作者，专文介绍"第 42 章 肾移植"，而且投入了大量的时间精力亲自操刀手术，还担任了专业手术影像编辑之职，承担摄影、录像工作，并参与了图片和视频的编辑。工作量之大，技术难度之高不难想象。

其次，还要感谢同道好友提供的专业图片支持。

感谢北京大学出版社对本书的高度认同和锲而不舍的全力支持，在疫情中坚持出版工作，使得图书最终得以面世。

最后，感谢本书的专业顾问、国际著名的显微手术大师、国际超级显微外科学会执行理事王增涛教授为本书作序。

刘彭轩

2022 年春

操作基础：专业基础

第一篇

第 1 章
操作须知

一、实验安全

任何实验，安全是放在第一位的，小鼠实验也不例外。安全涉及环境、个人和操作三个方面。

（一）环境安全

（1）网上安全报告系统必须保持良好的工作状态，以备随时记录报告。

（2）实验室内照明亮度适宜。

（3）实验室内不可过于拥挤。

（4）合理的通风条件是必需的。尤其在需要使用气体麻醉或涉及有毒、有刺激性气体时，除了要求有常规的室内通风外，还要有匹配的专用通风设施，例如，通风橱。有时还要配备有毒气体滤过装置，例如，活性炭气体过滤器等。

（5）实验室地面不允许铺设暴露的电线。

（6）储物架高过人的部位，不能放置较重的设备或材料，以防发生地震时设备或材料跌落伤人。

（7）所有大型气罐等设备，必须固定在墙上或台面、地面上。

（8）淋浴和眼睛冲洗装置要备齐，定期检查。

（9）急救箱要定期更换急救药品和器械。

（10）尖锐废物垃圾箱和生物污染垃圾箱都要齐备。

（11）有毒药品的储存必须符合安全规定。

（12）实验室门上必须标记安全等级和负责人联系信息。

（二）个人安全

（1）接触小鼠时，必须佩戴专业手套。专业手套分为乳胶、皮革和金属丝等不同材质。

（2）一般操作佩戴乳胶手套，目的是避免人－鼠感染和污染；佩戴皮革或金属丝手套，目的是避免被小鼠咬伤。

（3）必须穿着实验服装。实验服装包括实验室外衣或隔离衣、专用鞋或鞋套等。

（4）必须佩戴安全防护镜。普通眼镜不能代替防护镜，特殊情况下，例如，显微镜操作时，可以临时免于佩戴。

（5）必须佩戴口罩。口罩鼻部铝条要按紧，防止呼出的气体模糊安全防护镜；耳挂应拉紧，使口罩紧贴面颊。否则佩戴的口罩形同虚设，没有充分发挥防护作用。

（6）当暴露在特殊光线下，如强光、激光等时，要佩戴适宜的防护镜。

（7）使用液氮时，要佩戴防护面罩和抗冷冻手套。

（三）操作安全

（1）可开展吸入麻醉操作的实验室，要定期检查麻醉气体泄漏状况。

（2）手术器械和材料，尤其是尖锐和锋利的工具必须规范使用和保管。例如，使用刀片等锋利工具时，手不能处于工具运行的前方。

（3）接触有毒物质的器械必须严格清理后方可再度使用。

（4）有毒物质的使用和处理必须符合安全规定。

（5）进行放射性等具有伤害性的实验操作时，门口必须有明确标识，防止他人误入。

二、实验动物伦理

实验动物伦理，在许多著作中都有详细介绍。本书着眼于操作技术，所以重点介绍以下内容。

（一）止痛、镇静

（1）术前：必要时，可以在术前给小鼠服用镇静剂或止痛剂。止痛剂的作用时间需要包括小鼠全疼痛期间。镇静剂和止痛剂可以溶于饮用水中。

（2）术中麻醉：若需要小鼠能及时苏醒，应选用气体麻醉，如异氟烷。一般采用注射麻醉时，常将两种麻醉药物联合使用，使动物迅速进入麻醉状态而且能够维持适宜的时间。

（3）术后：① 注射麻醉小鼠在未苏醒期间要注意保温。例如，使用暖箱、暖垫或灯照等保温设备。② 必要时给予镇痛剂。

（二）小鼠安乐死

若进行终末实验，在实验结束时，必须尽快对小鼠实行安乐死。安乐死常用以下几种方法：

1. 二氧化碳法

这是常用的安乐死方法。将小鼠置于密闭的二氧化碳容器中处理约 1 分钟，使其二氧化碳中毒而死。通常在使用二氧化碳后，再用断颈椎法处理，以确保小鼠被处死，避免出现小鼠没有真正死亡、再度苏醒的情况。

优点：操作简单。

缺点：处死时间稍长，小鼠有数十秒的时间进行死亡挣扎。

2. 断颈椎法

这也是常用的安乐死方法。在用二氧化碳处死后，拉断颈椎以确认其死亡。

断颈椎的手法（图 1.1）：右手提鼠尾中部，左手拇指和食指压住小鼠颅骨与脊椎交界处，右手向后上方牵拉，可以听到脊椎脱臼声，小鼠立即抽搐死亡。

优点：操作简单，花费小。

缺点：处死过程分为二氧化碳处理和断颈椎处理两步，耗时略长。

图 1.1　断颈椎的手法

3. 过量麻醉法

采用静脉注射过量麻醉剂的方法令小鼠麻醉致死。

优点：小鼠死亡快，没有死亡恐惧。

缺点：造价高，程序烦琐，需要静脉注射技术和设备。

4. 电击法

电击法是目前最快的安乐死方法。

优点：小鼠死亡极快，几乎没有心理死亡恐惧和肌体痛苦时间。

缺点：设备造价高。

图 1.2 为大、小鼠电击安息箱。清醒或麻醉状态下的小鼠从漏斗滑入电击笼时，触动电击装置，小鼠心脏被电击，仅 1 秒小鼠即知觉丧失、致死。旋即小鼠落入尸体袋

1. 大鼠；2. 小鼠

图 1.2　大、小鼠电击安息箱（李晓峰供图）

中，被自动真空包装处理，全过程约 3 秒。其间小鼠没有痛苦挣扎和肌体烧焦现象。

（三）采血量限制

小鼠的采血量一旦超过限制，会引起多种实验设计之外的不良反应，对小鼠造成严重损害。安全采血量不以采到的血液量为标准，而以出血量为标准。例如，用毛细玻璃管在小鼠眼眶静脉窦采血，技术不熟练者采到指定血量，拔出毛细玻璃管后，眼眶静脉窦常会继续流出一定量的血，此时出血量明显大于采集到的血量。

采血方法的选择，不但要考虑小鼠本身，还要考虑操作者的技术熟练程度。例如，需要严格控制出血量的长期多次少量采血，对于操作技术不熟练者，与其选择用毛细玻璃管在眼眶静脉窦采血，不如选择针刺尾静脉采血更容易控制出血量。

至于获取最大血量，在采血方法的选择上，不但要考虑采血量，还要考虑实验动物伦理。曾流行的断头采血法，由于太残酷，目前已经无人采用。摘眼球采血法虽然简单，但也很残酷，如有必要，必须在小鼠深麻醉状态下进行，且采血后必须立即实施安乐死。目前采血技术发展很快，完全可以用心脏穿刺或眼眶静脉窦采血等方法，既能获取大量干净的血液，又能达到区分动静脉血的要求。所以，不推荐使用摘眼球采血法。

（四）"3R" 法则

在谈到实验动物伦理时，有必要重申 "3R" 原则，即减少（reduction）、优化（refinement）、替代（replacement）原则。

减少：在满足统计学要求的前提下，尽可能地减少实验中所用动物的数量，这要靠提高实验动物利用率和实验精确度来实现。

优化：尽量减少动物的精神紧张和肉体痛苦，适度使用麻醉剂、镇静剂和止痛剂。

替代：尽可能以单细胞生物、微生物或细胞、组织、器官甚至电脑模拟来替代动物实验。

三、实验小鼠选择

进行活体实验小鼠操作时，应避免人为因素影响药物检验结果。成功的活体实验结果除了避免人为因素带来的误差外，小鼠的选择也不可不察。所以选择小鼠除了根据课题的特殊需要以外，还要注意以下情况：

（1）如果是购买来的小鼠，要让小鼠熟悉新环境。至少要在收到小鼠 1 周后，才可以将其用于实验。

（2）所用小鼠周龄要一致，以避免周龄差异对实验结果可能产生的影响。

（3）如果实验课题对小鼠性别没有特殊要求，要用同性别小鼠，以避免性别差异对实验结果可能产生的影响。

（4）不可用的小鼠：

① 病态，萎靡不振者。常见体征是瘦弱、不活泼、毛发竖立、身体蜷曲或颤抖、步态不稳等。

② 体重不正常，过度瘦小或肥大者。过度瘦小者，有时可以发现下齿过长（图1.3），无法咀嚼，这时需要将下齿剪短。但是大多数此类小鼠体重始终不能恢复正常，应及早淘汰。

③ 同笼斗殴，需要分笼饲养。有明显伤痕者不可用。

图 1.3　牙齿过长的小鼠

第2章

捉拿手法

一、背景

在小鼠清醒状态下最常进行的操作是更换笼具和灌胃、注射给药等，这些都不可避免地需要动手控制小鼠。

更换笼具时，对健康小鼠和特殊状态下的小鼠的控制手法不同；对于不同的给药方式，控制手法也不尽相同。因此，无论动物饲养人员，还是动物实验操作人员，控制小鼠的手法是不可或缺的基本技术。

二、徒手控制小鼠的原则

1. 人员安全

操作人员要避免被小鼠咬伤。在接触小鼠时，必须戴专业手套，例如，橡胶手套。对于凶猛的小鼠，可以戴金属丝手套或皮革手套。

（1）操作人员已经拉住鼠尾，其挣扎前行时，一般顾不上攻击操作者，是安全操作的时机。

（2）当操作人员已经拉住鼠尾，小鼠身体蜷缩，头保持朝向操作者手指时，是小鼠要主动攻击的表现，这时应提高警惕，避免被咬伤。

（3）当操作人员已经拉住鼠尾，其仍然动作悠闲，不可立即动手。要向后拉紧鼠尾，令其对抗前行，此时才是安全出手的时机。

（4）当操作人员拉住鼠尾，小鼠四肢伸直，尽量抬高自己的身体，并全身发抖，左右摇摆，这是小鼠极度恐惧、失去逃跑和抵抗意识的表现。这时是最安全的操作机会，但是这种情况并不常见。

2. 迅速完成

准备实验时，尽可能快速控制小鼠，迅速完成操作，然后尽早脱离小鼠。反复试探捉拿小鼠，临近小鼠时又收手，会使小鼠产生防范和恐惧心理，甚至产生对抗心理。

3. 清洁操作

避免小鼠粪便污染操作人员和环境。

4. 注意小鼠安全，减少小鼠身体不适，降低其恐惧心理

捉拿小鼠时，要本着控制面大、局部压强小的原则，牢固控制小鼠，减轻小鼠的不适感，避免损伤小鼠。在夹持小鼠时，亦要避免对小鼠造成损伤。

不要恐吓小鼠，避免让其他小鼠看到操作情景，避免令小鼠产生孤独恐惧感，避免粗暴操作。

三、徒手控制小鼠的手法

根据目的和对象的不同，常用的小鼠手动控制手法有：全控制双手捉拿法、全控制单手捉拿法、辨别性别半控制捉拿法、半控制单手捉拿法，另外，更换笼具也有专门的捉拿方法 ③ 。不同给药方法，例如，腹腔注射、肌肉注射、皮肤注射、滴鼻和灌胃等，捉拿时手法都不同，详见相关章节。

（一）小鼠专业基本捉拿手势："V"形手势

操作者拇指外展，食指第一指骨伸直，二、三指骨弯曲，中指、无名指和小指呈握拳状，如图 2.1 所示。

图 2.1 "V"形手势

（二）全控制双手捉拿法

该手法适用于性情各异的小鼠。优点是安全可靠，操作方便。该手法可以进一步演变为多种不同的手法，例如，腹腔注射小鼠控制手法。

现以右利者为例，介绍全控制双手捉拿法（图 2.2 ）：▶

1. 右手食指和拇指捏住鼠尾后部。
↓
2. 将小鼠置于粗糙面或横栏上。
↓
3. 适当将鼠尾向后拉，使小鼠奋力前行。
↓

4. 左手拇指和食指呈 "V" 形迅速轻压小鼠后背，压力以刚刚可以控制住小鼠，使其无法前行为原则。↓

5. 双指滑向后颈两侧，向内捏住两耳间到腰背至少 5 cm 皮肤。抓起小鼠，使鼠头固定，不能左右扭动，翻转小鼠。↓

6. 右手将鼠尾拉直并贴向左手大鱼际部位。左手中指将尾根部压迫于大鱼际上。

图 2.2　全控制双手捉拿法（李光轩供图）

操作讨论

（1）捉拿时不能抓得过紧，以免影响小鼠的顺畅呼吸。

（2）小鼠被抓时，有几种情况反抗意识会较强，捉拿时需要提高警惕。

① 第一次被捉拿的小鼠因恐惧和紧张，导致反抗意识较强。

② 一般雄鼠较雌鼠反抗意识强烈。

③ 多鼠同笼，笼中最强壮的小鼠反抗意识最强。

④ 多鼠同笼，一只一只地被从笼子里拿出来，最后一只小鼠的恐惧感最强，其反抗意识不容忽视。

（3）常见的"C"形手势是用拇指和食指的指尖捏住小鼠的背部皮肤（图 2.3）。这是源于人类的生活习惯，并非专业的手势。两点固定皮肤既不稳固，也增加了局部压强，使小鼠的不适感和恐惧感增强，激发其挣扎咬人的意识。此法切不可取。▶

图 2.3 "C"形手势

（三）全控制单手捉拿法

该手法适用于温顺小鼠，例如，裸鼠、雌鼠、多次被捉拿已适应的小鼠等。当需要腾出另一只手做其他操作时，也会用到该手法。该手法要求操作者技术熟练。

现以右利者为例，介绍全控制单手捉拿法（图 2.4）：▶

1. 左手食指和拇指捏住小鼠尾部远端 1/4 处，令小鼠前爪抓在粗糙面或横栏上。
↓

2. 适当将鼠尾向后拉，使小鼠奋力前行。→

3. 左手小指和无名指夹住鼠尾距根部约 2 cm 处。↓

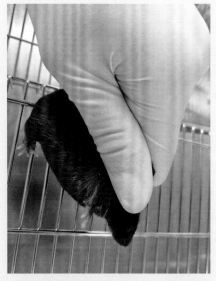

4. 食指和拇指松开鼠尾尖部，改抓小鼠　5. 抓起小鼠。
双耳间至后背皮肤。→

图 2.4　全控制单手捉拿法（李光轩供图）

操作讨论
　　该手法常见错误是左手小指和无名指夹持部位太靠近尾根部（图 2.5），以致没
有足够的空间令拇指和食指形成"V"形。导致用两个指尖呈"C"形捏起颈部的皮
肤（图 2.6），给小鼠转动脖颈留下很大的活动空间，而且改"夹"为"捏"，增加
小鼠的疼痛，小鼠很容易回头咬伤操作者手指。▶

图 2.5　错误夹持手法　　　　　图 2.6　"C"形手势捏住小鼠颈部

（四）辨别性别半控制捉拿法

该手法单纯用于辨别小鼠性别，无须麻醉和全控制捉拿小鼠。

捉拿手法如下：▶

操作者单手拇指和食指捏住鼠尾尖，以小指外侧缘压在小鼠腰部，分开食指、中指和无名指以提高鼠尾，使小鼠腰部下陷、臀部被拉高数厘米，充分暴露外阴和肛门。成年雄鼠肛门距离尿道口约 1 cm；雌鼠肛门与阴道口紧邻（图 2.7）。注意，不可过分提高尾部，以免伤及小鼠腰椎。

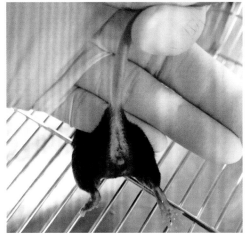

a. 雄鼠   b. 雌鼠

图 2.7　辨别性别半控制捉拿法

（五）半控制单手捉拿法

当小鼠背部手术后，后背不允许触摸时，首选双手捧的方法。如果只能用单手操作，可用手背驮鼠的半控制单手捉拿法（图 2.8）。▶

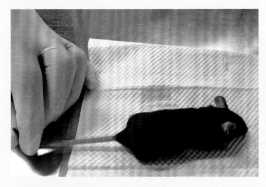

1. 用拇指和食指捏住鼠尾远端。→   2. 提起鼠尾，后三指伸到鼠尾下。↓

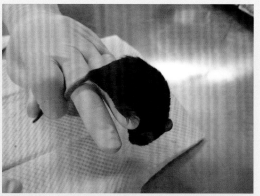

3. 拉紧鼠尾，使这三根手指探入小鼠腹下。→

4. 拇指和食指始终捏住鼠尾。伸开其余三指，用指背托起小鼠。↓

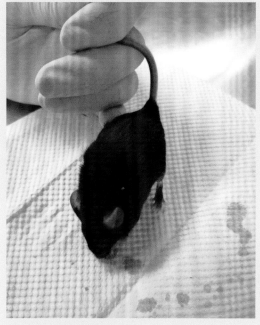

5. 转移到目的地后，以驮鼠的反向程序，将小鼠放到平面。→

6. 小鼠四肢完全着地后放开手指，容其自由活动。

图 2.8　半控制单手捉拿法（李光轩供图）

第3章

转移手法

一、背景

给小鼠更换笼具，不可避免地需要动手接触小鼠。对于清醒状态下的小鼠，更要注意转移手法。针对小鼠不同的健康状态，采用不同的转移手法。有徒手转移，也有使用工具转移。

二、转移手法

（一）提尾换笼

（1）适用范围：快速、大量转移小鼠。

（2）要求：操作人员的技术要熟练。

（3）方法：将干净的新笼具放在旧笼具旁边。打开两个笼具盖，迅速从后面捏住小鼠尾部中远端，提起小鼠（图3.1），转移到新笼具内；令其前爪先着地，然后松开手指，使其后爪自行着地。▶

（4）禁忌：抛掷小鼠；从前面抓小鼠尾巴；抓小鼠尾根部；新、旧鼠笼距离超过10 cm。

图3.1 提尾换笼

图 3.2　工具夹持换笼

（二）工具夹持换笼

（1）适用范围：性情暴烈小鼠。

（2）要求：在转移小鼠时，确保人员和小鼠安全。

（3）工具：长橡胶头卵圆夹，或头部套有硅胶管的大号平齿镊。

（4）方法：将干净的新笼具放在旧笼具旁边。打开两个笼具盖，用工具夹住小鼠背部皮肤 1 ～ 2 cm（图 3.2），迅速从旧笼移到新笼中。做到轻夹轻放，快速利落。

（5）禁忌：夹到肋骨；过度用力，夹持皮肤长度少于 2 cm。

（三）烧杯转移

（1）适用范围：体弱小鼠，尤其是术后，不可被抓持，又无力爬棒，但尚具备行走能力的小鼠；新旧笼具距离较远。

（2）要求：确保小鼠能自行进入烧杯；倒入新笼时动作要缓慢。

（3）材料：500 mL 玻璃烧杯或类似容器一只。

（4）方法：将小鼠轻轻驱赶到笼子的一个角落，用烧杯挡住其出路，小鼠会爬进杯口倾斜的烧杯（图 3.3a）；然后直立烧杯转运小鼠（图 3.3b）；倾斜或平放烧杯于新笼，小鼠会自行爬出，进入新笼中（图 3.3c）。▶

a. 捉鼠

b. 转运

c. 释放

图 3.3　烧杯转移

（5）禁忌：粗暴驱赶小鼠；骤然翻转烧杯，将小鼠倾倒至新笼中。

（四）手捧转移（单鼠）

（1）适用范围：小鼠术后，身体状态欠佳。

（2）方法：将小鼠轻轻驱除到笼中角落，用一只手托起小鼠，另一只手虚罩其上，十指间留有小间隙，形成笼状（图3.4），将小鼠转移到新笼。松开上手，让小鼠自行爬下，进入新笼。▶

（3）禁忌：转移时，双手猛扑擒拿小鼠。转运中，双手完全闭合，压伤小鼠。

（五）手捧转移（多鼠）

（1）适用范围：多鼠在笼中聚在一起且对于熟睡状态时。此法可节省换笼时间。

图 3.4　手捧转移（单鼠）

（2）要求：轻拿笼具，轻轻打开笼盖，轻捧小鼠。

（3）方法：将新、旧笼具靠近，先打开新笼盖，后打开旧笼盖。如果小鼠仍在聚团安睡，双手同时插到群鼠身下（一般不超过5只）（图3.5a），捧起所有小鼠（图3.5b），迅速转移到新笼中（图3.5c）。▶

（4）禁忌：惊扰熟睡小鼠。

a. 捉鼠

b. 转运

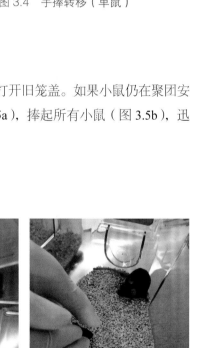

c. 释放

图 3.5　手捧转移多鼠

第4章

注射麻醉

一、背景

小鼠体形小，多动，故很少使用局部麻醉，多用全身麻醉。

常用麻醉方法分为两大类：注射麻醉和吸入麻醉。常用的注射麻醉方法包括肌肉注射（肌肉外注射）、腹腔注射、皮下注射（浅筋膜注射）。麻醉药用量、用法一般专业书中都有详细介绍，在此恕不赘述。本章着重比较、评价各注射麻醉方法。

二、常用的注射麻醉方法

（一）肌肉注射

传统采用后肢部肌肉注射法，实际上大部分药物并没有进入肌肉内，而是存在于股二头肌和内侧肌群之间的股骨后间隙中。

（1）优点：注射量大，技术要求低。

（2）缺点：损伤肌肉。

（3）改进措施：改变注射部位，从大腿后面直接刺入股骨后间隙注射，可避免肌肉损伤 ➓。图 4.1 以 0.1 mL 蓝色染料演示股骨后间隙注射。注

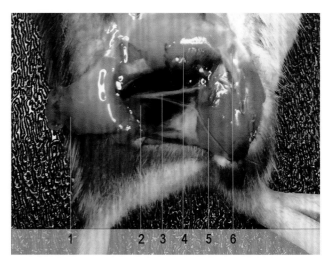

1. 股二头肌（翻起）；2. 股骨后间隙；3. 坐骨神经；4. 股外直肌；5. 腓肠肌；6. 膝关节

图 4.1　后肢部肌肉注射效果

射后，翻起股二头肌，显示蓝色染料聚集于股骨后间隙中，而肌肉内未见。

（二）腹腔注射

腹腔注射是最常用的小鼠注射麻醉方法 ❸ 。

（1）优点：操作技术简单，要求设备少，注射量大。

（2）缺点：靶器官不确定，容易损伤内脏。

（三）皮下注射

传统的皮下注射实际上是把药物注射到浅筋膜内，而不是病理组织意义上的皮下层。该方法优点明显，操作技术简单，要求设备少；注射效果稳定，对肌体损伤小，是首选的注射麻醉方法。值得注意的是，如果拟开展的是皮肤实验，麻醉部位不要选择实验区。

三、静脉注射麻醉

非特殊需要，不采用静脉注射麻醉。该方法麻醉见效快，用药量小，但对技术和设备的要求都较高，而且麻醉效果不稳定，因此，不建议轻易用此法。

第 5 章
吸入麻醉

一、背景

使用多年的吸入麻醉药乙醚，因其不安全和不稳定，目前已被淘汰。取而代之的是异氟烷，并匹配了整套麻醉系统，如麻醉药蒸发皿、混合气体系统、气体压力调控系统、排气安全系统、麻醉箱和麻醉管等。该系统优点是使用方便，易于控制麻醉深度，可以维持长时间麻醉；缺点是专业吸入麻醉设备和材料昂贵，而且必须有排风良好的房间。

二、吸入麻醉的要点

（一）异氟烷安全使用事项

（1）异氟烷为无色液体，具有挥发性，本身不易燃，但是与高浓度氧气混合使用时，具有高度可燃性，因此，在进行颈部、头面部手术时，禁用电烧等产生电火花的设备。

不排除长期吸入异氟烷对人体有毒害作用，因此，必须在有良好排风设备的环境中使用异氟烷，并需要定期进行安全测试。

（2）吸入麻醉专用设备有的以口鼻麻醉管为主（图 5.1a），有的以麻醉箱为主（图 5.1b），尽管设备在安全方面已有了不少改进，但是使用设备的房间依然要求通风良好，设备也需要定期进行实际操作检测，以防麻醉气体在不知情的情况下泄露。

（二）麻醉深度控制

（1）实验要求小鼠有不同深度的麻醉，可以根据需要随时调整异氟烷输出浓度，故吸入麻醉比注射麻醉更容易控制。

（2）必须按照具体系统要求设定进入麻醉系统的气体压力。

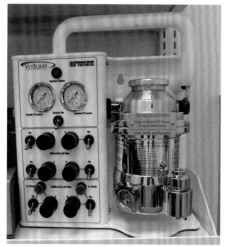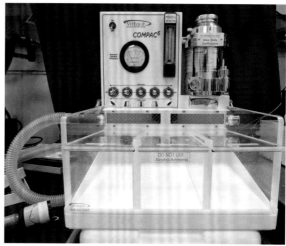

a. 麻醉管为主   b. 麻醉箱为主

图 5.1 吸入麻醉设备

（3）在根据规程实施麻醉后，还要根据小鼠的麻醉表现调整麻醉水平。关键是观察小鼠的呼吸频率和幅度，了解小鼠实际麻醉深度。

（4）一般小鼠在麻醉 1 分钟后，出现明显的麻醉效果，4 分钟后进入稳定的麻醉状态。麻醉深度可以根据呼吸频率分析，麻醉越深，呼吸越慢。

（三）麻醉状态下的体温控制

长时间麻醉会使小鼠体温明显下降。如果需要较长时间测量生理数据，必须配备加热装置。

1. 常用的加热装置

（1）循环热水式加热垫：优点是温度稳定，缺点是对温度变化不敏感，设备较庞大，需要时刻注意防止系统漏水。

（2）电热垫：优点是稳定，控制敏感，占用面积小，可以长时间使用。需要根据小鼠身体温度进行自动温度控制。

（3）化学加热袋：优点是占用面积最小，使用方便。缺点是温度上升慢，不恒温，保温时间有限。适用于无电源处的短时间保温。

（4）灯照：优点是不占用台面面积，使用方便。缺点是不能用于光敏测量实验，会影响某些光敏仪器的运行。

2. 温度控制方法

可以通过两种传感器控制温度：直肠温度传感器和体外温度传感器。这些传感器可以自动控制电热源的开关。

（1）没有温度控制设施时，不可把温度定在37℃，尤其是小鼠卧于电热垫上时，由于身体直接贴靠在电热垫上，散热不良，局部温度会明显高于37℃。每个实验室的温度和空气流通状况不一样，随时需要根据测得的体温数据来调整温度设置。

（2）测量体温可以用肛表，但是用激光测量无疑更方便些。由于毛发遮蔽身体，激光测量不能得到准确数值，这时可以测量耳孔温度。一般健康小鼠在清醒状态下的耳孔温度约为32℃。

（四）麻醉方式

在麻醉箱内进行麻醉比较简单，箱外麻醉可以使用口鼻麻醉管，也可用口鼻面罩（图5.2）。口鼻面罩分为多鼠用口鼻面罩和单鼠用口鼻面罩。

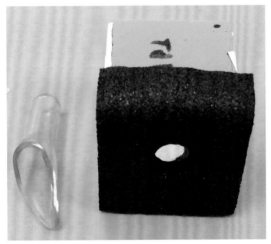

图 5.2　左边的硅胶麻醉面罩适用于头面部手术；右　图 5.3　可旋转体位的自制麻醉面罩
边为作者自制的麻醉面罩，用于其他部位的手术

可旋转体位的自制麻醉面罩（图5.3）：面罩前表面覆盖0.5 cm厚的软泡沫塑料，以保持小鼠面部密封。四面镶嵌磁铁，以利于将其固定在铁制的手术板上。用该面罩可以在不脱离麻醉面罩的条件下向左、右90°和180°翻转小鼠。

面罩内部进深1 cm处，设有横行不锈钢丝，以挂住上门齿，防止小鼠头部向外滑脱，便于携带小鼠移动位置（图5.4）。面罩后面为接口，与麻醉管衔接（图5.5），保证异氟烷出口距离小鼠鼻孔小于1 cm。▶

 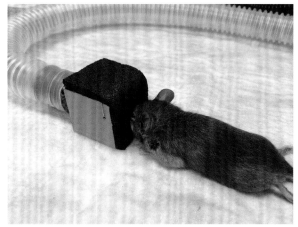

图 5.4　小鼠麻醉状态　　图 5.5　小鼠俯卧式麻醉，面罩与麻醉管连接
下带麻醉面罩悬空转移

三、吸入麻醉效果不佳的原因

1. 小鼠无法进入麻醉状态的原因

（1）排风过强，使异氟烷没送达小鼠鼻部就被排走了。

（2）进入气体的气压不够，无法带入异氟烷，同样失去麻醉作用。

（3）异氟烷浓度过低。

（4）氧气管、异氟烷管或排风管连接错误或有泄露。

（5）口鼻管不严密，导致异氟烷有效浓度下降。

（6）异氟烷出气口与小鼠口鼻距离过大。其适宜距离见图 5.6。

（7）口鼻管接口是关键。

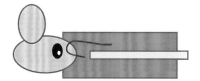

图 5.6　上图，口鼻与异氟烷出气口距离适宜；下图，距离过远，形成二氧化碳无效腔

作为封闭的关键部件之一，口鼻管接口封闭不严不但会导致小鼠麻醉效果下降，而且会毒害操作者。一个合格的口鼻管接口，必须满足以下条件：① 与气体管道接口严密；② 与小鼠面部接触严密；③ 易于在手术板上固定、旋转和移动。

2. 小鼠死亡

小鼠死亡的原因多不是高浓度的异氟烷，而是高浓度的二氧化碳或体温保护不良。

第6章
镊子的使用

一、背景

　　无论操作者是否接受过外科手术训练，做实验动物活体操作必须具备基本的器械使用知识和技术，方能保证顺利完成实验，获得实验结果。镊子是最常用的手术器械之一。在小鼠实验中，镊子可以代替部分剪子的功能，例如，有些薄弱的组织和材料用镊子就可以撕断；也常代替操作者手指的功能，例如，在狭小的手术空间用镊子代替手指完成打结等操作。所以，在小鼠手术中使用镊子的机会比临床手术更多。

二、镊子的种类

　　小鼠手术操作没有专用镊子，一般用的是临床镊子。常用的镊子种类很多，主要有两种分类方法：形态分类和功能分类。大多数镊子习惯以形态分类，少数专用镊子以功能分类。

（一）以形态分类

1. 根据镊子体部开合状态来分

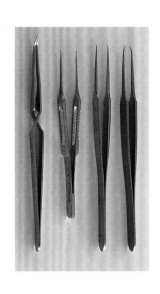

（1）正向镊子（图6.1）：通常使用的镊子都为正向镊子。

① 大多数用于夹持组织。

② 少数用来扩张组织，例如，血管扩张镊。

（2）反向镊子（简称"反镊"）（图6.1）：反镊的开合与正向镊子相反，压则张口，松则夹紧，平时处于闭合状态，用于自动夹持组织。

图 6.1　正向镊子和反向镊子。右边的3把为正向镊子，由右至左分别为犬齿镊、翘齿镊、尖齿镊；左边的为反向镊子

2. 根据镊子头部形状来分

（1）尖镊（图 6.2）：头部尖锐，用于精细夹持。

（2）平镊：头部相对宽平，用于大面积夹持，分为平齿镊和无齿镊。

（3）环镊（图 6.3）：头部呈环形，用于夹持成片组织。

图 6.2　显微尖镊。上为直镊；下为弯镊　　图 6.3　环镊

（4）管镊（图 6.4）：头部呈半圆管状，专用于夹持管状器官和材料，例如，塑料管、硅胶管等。

a. 管镊头部　　　　　　　　　　　　　　b. 用管镊夹持硅胶管

图 6.4　管镊

3. 根据镊子头部弯曲状态来分

根据镊子头部弯曲状态，可分为直镊和弯镊（图 6.5），后者又可分为弧形弯镊、直角弯镊、45°镊等。

4. 根据镊子是否有齿来分

（1）无齿镊（图 6.6）：称为平板镊。其中窄头的为打结镊；宽头的用于夹持大面积易损伤组织。

图 6.5　显微尖镊，从上向下：弧形弯镊、直角　　图 6.6　无齿镊，上为弯无齿镊、下为直无齿镊
弯镊、45°镊、直镊

（2）有齿镊：分为钝齿镊和锐齿镊。

①钝齿镊（图6.7）：头部有多条横向半圆形条齿，对组织损伤小，多用于夹持大血管。

②锐齿镊：包括立齿镊和犬齿镊。前者齿短而坚韧，多用于夹持较坚韧组织，例如，皮肤镊；后者齿长而弯曲，犬牙交错，适于夹持柔软的筋膜组织。双排齿镊（图6.8），夹持面积大，且更有力。

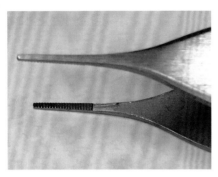

图 6.7　钝齿镊　　　　　　　　　图 6.8　双排齿镊

（二）以功能分类

若以功能来分类，可将镊子分为皮肤镊、管镊、血管扩张镊（图6.9）、打结镊、固定镊（图6.10）等。进行血管吻合手术时，血管扩张镊专门用于扩张血管断端。

图 6.9　血管扩张镊　　　　　　　图 6.10　固定镊

三、镊子的持法

（1）镊子的常规持法（图6.11）：以拇指和食指捏住镊子两臂的中部。

（2）镊子的特殊持法（图6.12）：例如，在小鼠阴茎背静脉注射操作中，手持镊子的同时需要用食指控制小鼠的包皮，这时改用拇指和中指持镊子。

 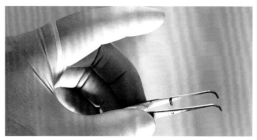

图 6.11　镊子的常规持法　　　　　　　　图 6.12　镊子的特殊持法

四、镊子的操作

临床手术中，手指和镊子配合使用。在小鼠手术中，由于小鼠体形小，手术操作空间有限，镊子不但要执行其固有的夹持功能，还要完成许多临床手术中手指的操作，甚至还有更多的用处。

操作 1：夹持

用镊子尖端进行操作。所有显微镊都具备夹持功能。由于显微镊小巧、纤细，夹持时不可过分用力，以免损伤镊子尖端，也避免手指疲劳，更要避免因过分用力致手抖。

特殊镊子用于夹持特殊组织材料，例如，管镊用于夹持管类器材或组织，夹镊用于夹持、拆卸夹子，闭口镊用于固定组织。

操作 2：托起（图 6.13）

用镊子头部进行操作。例如，显微尖镊在小鼠血管缝合中的应用：小鼠血管非常薄弱，在做血管吻合手术时，不可用镊子夹持血管断端，以免撕破血管。用镊子头部托起血

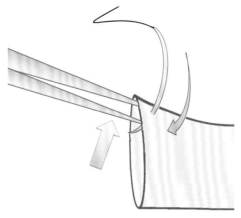 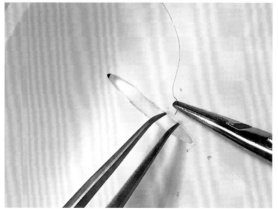

a. 托起操作示意　　　　　　　　　　　　b. 缝合练习。示镊子在显微缝合时的托起操作

图 6.13　镊子的操作：托起

图 6.14　镊子的操作：对顶

管内壁，使缝针可以从血管外穿透血管壁。托起时镊子两臂略分开，使缝针从中间穿过。

操作 3：对顶（图 6.14）

用镊子尖端进行操作。对顶主要用于血管缝合时：将显微镊尖端顶在血管外壁，使缝针可以从血管内穿透血管壁。做对顶时两臂略分开，使缝针可以从中间穿过。

操作 4：阻挡（图 6.15）

用镊子侧面进行操作。当用血管端端吻合法缝合血管时，用镊子夹持血管外膜，镊子侧面挡在血管外壁，使缝针可以从血管内穿透血管壁。缝针从镊子上沿穿过。

操作 5：下压（图 6.16）▶

用镊子侧面进行操作。在针持将缝线从血管下方拉过时，用打结镊向下轻压缝线，减少缝线在拉动中对血管壁的摩擦。

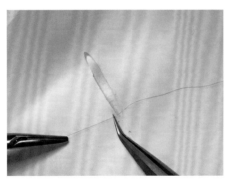

图 6.15　镊子的操作：阻挡

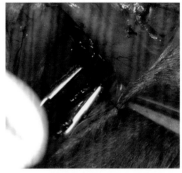

图 6.16　镊子的操作：下压

操作 6：横拐（图 6.17）

用镊子头部进行操作。例如，使用显微尖镊帮助缝合：当针持将缝线从血管下方拉过时，要求缝针垂直缝缘，但是较长的缝线不容易如缝针一样始终垂直穿过缝缘，而是呈斜角穿过，这时对血管壁产生切割摩擦。用显微尖镊在血管进针侧，镊子尖固定在缝缘的垂直线上，令斜行的缝线在镊子处转弯，垂直通过缝缘。消除缝线对血管壁的斜向切割摩擦。

图 6.17　镊子的操作：横拐

操作 7：断线（图 6.18）▶

用镊子侧面进行操作。在打结后，用打结镊的斜面控制留下的线头的长短，针持下侧面紧贴镊子上侧面，迅速短距离滑动，类似两个剪刃切断缝线，又快又准。打结镊和针持的配合可以取代剪子的作用，是 10-0 以下缝线打结后首选的断线方法。

操作 8：扩张（图 6.19）

用镊子头部外侧进行操作。血管扩张镊根据设计张力的不同，分别用于大、中、小三类动脉端面的扩张，保证仅破坏环形血管平滑肌而不损坏血管的内膜和外膜。扩张镊的使用方法与普通镊子相反，不是夹持，而是撑开，用本身的弹性迅速撑开血管。

图 6.18　镊子的操作：断线操作示意

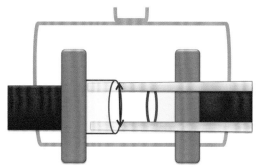

图 6.19　血管扩张镊的工作原理

操作 9：抒平（图 6.20）

用镊子头部背侧进行操作。例如，显微弯镊在血管缝合中的应用：静脉血管端端吻合时，尽管缝合前已经将断端的血管外膜切除，但是由于外膜，尤其是静脉外膜的移行性大，可能还有外膜移行到血管缝合区，干扰缝合。所以可用弯镊的背面下压外膜，拉向断端相反的方向，把外膜向后抒平，露出干净的缝合区。

操作 10：测量（图 6.21）

用镊子头部进行操作。例如，术中可以显微尖镊头部为尺。若术中需要测量的

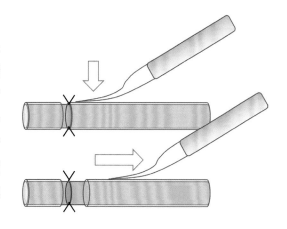

图 6.20　镊子的操作：抒平操作示意

尺寸为毫米级的，用尺子测量很不方便。可在术前将镊子侧面三角面的宽度测量好，术中以镊子侧面的已知宽度为尺子，大致测量微小距离。

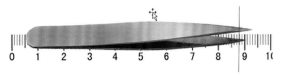

图 6.21　镊子的操作：测量

操作 11：架起

用镊子头部进行操作。电烧血管或肌肉（如提睾肌）时，可用镊子分开血管或肌肉，留出电烧头操作的空间。图 6.22 显示的是小鼠后肢缺血模型中的操作：在电烧股动脉时，如果没有有效的电烧空间，一旦电烧头接触股神经，后肢会突然剧烈跳动，引发股动脉大出血。这时可用镊子架起股动脉，使其在远离股神经处进行电烧。

图 6.23 显示的是电烧提睾肌。电烧可以避免剪切时的出血，用镊子架起提睾肌，使其远离附睾，避免电烧时伤及附睾和睾丸。

操作 12：支撑（图 6.24）

用镊子侧面进行操作。以显微成角弯镊侧面作为支架支撑注射针头，可以很好地稳定

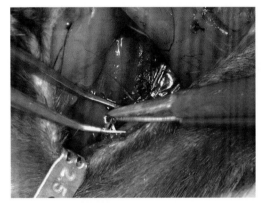

图 6.22　镊子的操作：架起

图 6.23　镊子架起在电烧提睾肌中的作用

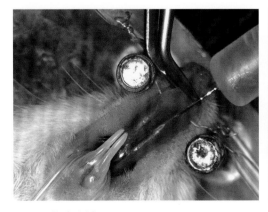

a. 舌下静脉注射

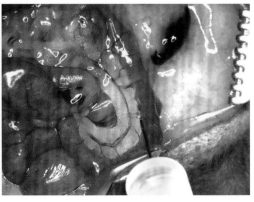

b. 肠系膜下注射

图 6.24　镊子的操作：支撑

注射。例如，行舌下静脉或舌黏膜下注射时，用镊子夹住组织的同时，其侧面为注射针头提供稳定的支撑架。

操作 13：刺穿

用镊子尖端进行操作。显微尖镊要保持顶尖的锋利，一般不容许用来刺组织，但是有些非常薄的组织，刺穿时是不会损伤镊尖的。例如，采集脑脊液过程中要刺穿蛛网膜时，直接用手中的镊子刺穿蛛网膜，完全可以节省换穿刺针的时间（图 6.25）。

操作 14：分离（图 6.26）

用镊子外侧进行操作。分离是镊子常用的操作。用镊子分离属于钝分离，可避免剪子剪切时发生的意外出血。分离一般使用尖镊，能方便插入组织之间。

 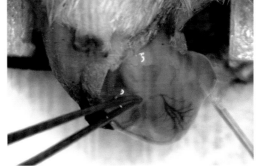

图 6.25 镊子的操作：刺穿。图为刺穿后的蛛网膜　图 6.26 镊子的操作：分离。图为用镊子分离提睾肌外筋膜

操作 15：上托（图 6.27）

用镊子背面进行操作。例如，用显微尖镊上托血管。当静脉端端吻合时，有时在冲洗血管内壁后，血管断端向内翻卷，此时为避免损伤血管，不可用镊子将其夹出来。正确操作是将镊子合口从断端插进血管腔，轻轻上托内翻的静脉，然后向外退出镊子，这样可以将内翻的血管壁托出来。

操作 16：缠绕（图 6.28） ▶

用镊子头部进行操作。在打结镊上缠绕缝线是打结的必备操作。缠绕分为 1 圈、2 圈和 3 圈。每个结可以有不同的缠绕圈数。较滑的缝线，例如，单股尼龙线，需要圈数多一些。

例如，术语 3-1-1，意思是第一扣绕 3 圈，第二扣绕 1 圈，第三扣绕 1 圈。了解这些，有利于专业交流。

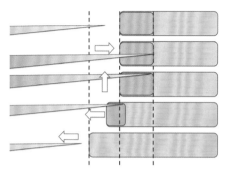

图 6.27　镊子的操作：上托操作示意

图 6.28　镊子的操作：缠绕

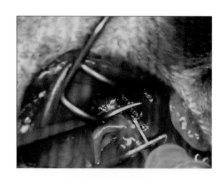

图 6.29　镊子的操作：压隆

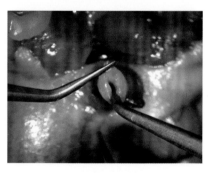

图 6.30　镊子的操作：探查

操作 17：压隆（图 6.29）

用镊子侧面进行操作。使用无齿镊的两端先后下压血管两个点，令血管充盈、血流阻断、血管中段拱起。该操作的条件是血管下方有较厚的肌肉。操作关键是先压静脉近端，后压远端。由于两点下陷，使中间部位呈弓状隆起，便于从吻切面刺入针头。注意，放开近端开始注射，拔针后放开远端。例如，做股静脉注射。

操作 18：探查（图 6.30）

用镊子头部进行操作。在血管手术中，了解血管腔内是否有连缝等情况，常用显微尖镊的单臂或合口探入管腔内，将镊子作为探针使用。在图 6.30中，显微尖镊插入雄鼠尿道中探查。

操作 19：勾挑

用镊子尖端进行操作。在清理残存筋膜组织时，可将显微齿镊作为钩子使用，紧贴肌肉组织表面寻找肉眼难以发现的筋膜。例如，在皮窗模型中清理皮肌下筋膜。

操作 20：固定（图 6.31）

用镊子尖端进行操作。固定镊呈闭口状态，利用弹力夹住组织，固定位置，方便术中腾出手来做其他操作。图 6.31 示固定镊夹住膀胱，行尿道插管做精囊灌注。

操作 21：撑开（图 6.32）

用镊子外侧面进行操作。需要观察尿道或阴道管腔时，可以用显微镊合口插入，然后

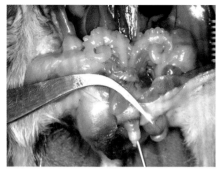

图 6.31　镊子的操作：固定

图 6.32　镊子的操作：撑开

张口，观察管腔内部。图 6.32 为撑开的雄鼠尿道。

操作 22：压夹（图 6.33）

用镊子头部进行操作。可用镊子同时夹持、压迫组织。例如，行颈外静脉注射或插管时，用显微尖镊夹住胸肌前缘做插管的对抗牵引，同时向下压迫越过锁骨的颈外静脉，使其因阻断回心血流而发生远侧血管充盈，方便插管穿刺。

在图 6.33 中，镊子夹住胸肌时下压，使颈外静脉充盈，便于插管。

操作 23：挤压（图 6.34）

用镊子侧面进行操作。双镊子配合使用，可以挤压组织器官使其移位。例如，提睾肌模型中，需要将睾丸从阴囊里送入腹腔内。在切断提睾肌-附睾系膜和提睾肌-输精管系膜后，以两把镊子上下夹持睾丸远端，轻轻挤压，可以将睾丸平滑地挤入固定腹腔。一般连续挤压三次，即可完全将睾丸挤入。　▶

图 6.33　镊子的操作：压夹

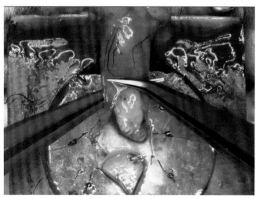

图 6.34　镊子的操作：挤压

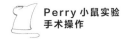

五、镊子的改造

有时实验中对器械有特殊需求，而市场上没有相应的供给，可以对现有器械进行改造。例如，舌管镊（图 6.35），需要镊子的一臂帮助夹持硬舌固定管，另一臂帮助夹持柔软的舌头。这时可将镊子的一头弯曲 90°，套上一段柔软的硅胶管。直臂帮助夹持硬舌固定管，弯臂帮助夹持舌头。

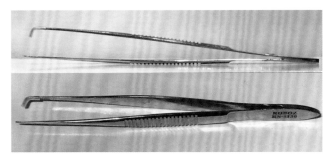

图 6.35　舌管镊。上面为侧视照，下面为斜视照

第 7 章
剪子的使用

一、背景

　　剪子是手术操作的常用器械。剪子分多种，无论是哪种剪子，其设计功能都是剪切。由于小鼠体形小，常用到显微剪。显微剪种类繁多，多为弹簧手柄。根据小鼠手术实践经验，剪子的使用方法不拘泥于剪切，不但用到剪刃，还用到剪尖、剪背、剪侧面等。持剪的方法也因手术方式而不同。本章介绍小鼠手术中剪子的持法和八种使用方法。

二、剪子的持法

　　（1）弹簧柄剪子的持法：拇指一侧，食指和中指另一侧，夹持。
　　（2）常规持剪（环柄剪子）：拇指和无名指分别套入两个环中，中指压在环外，食指按在剪侧（图 7.1）。
　　（3）倒持剪（环柄剪子）（图 7.2）：在术中剪口向后时使用。
　　（4）藏剪（图 7.3）：术中两次用剪的短暂间隙，需要从事其他操作时，可藏剪。例

图 7.1　常规持剪

图 7.2　倒持剪

图 7.3　藏剪

如，开腹采集标本时，先用剪子横剪皮肤，再用双手撕皮，然后再用剪子划开腹壁。在撕皮时剪子反转藏于手心，可以节省操作时间。有的实验操作成败就在数秒之间，用藏剪手法可以节省数秒钟放下再拿起剪子的时间，为实验成功创造条件。例如，用于出凝血功能检测的血样采集中，不藏剪就无法在限时操作中完成采血。

三、剪子使用八法

（1）内外剪（图7.4）：内刃上翘，避免剪伤下面的组织。例如，开胸时，内刃在胸腔内上翘剪断肋骨，避免损伤心脏和肺。

（2）平剪（图7.5）：大拇指和无名指持剪同时向中间夹，保持剪子沿中线剪切。翘头剪子平剪，可以避免损伤下面的组织。例如，在剪头皮暴露颅骨中剪子的用法。

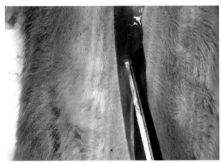
图 7.4　内外剪

图 7.5　平剪头皮

（3）竖剪：保持下剪刃不动，上剪刃向下剪，大拇指固定，无名指压指环剪切。

（4）划（图7.6）：将剪子作为刀用，开腹时用于划开皮肤和腹壁。剪刃张开少许，不剪切，只向前推进，划开皮肤，不但速度快，而且切口平滑 **17**。▶

a. 用剪刃划开皮肤

b. 腹部皮肤划开后的平滑切口

图 7.6　以剪为刃，划开小鼠腹部皮肤

（5）刺与分（图 7.7）：剪子背侧可用于大距离分离。例如，股骨采集时，用尖剪闭口刺入股四头肌和股骨之间，然后张口分离肌肉和股骨 ⑱ 。▶

（6）撑开（图 7.8）：利用剪子三角形侧面撑开坚硬的结构，用于短距离分离。例如，撑开颅骨，以免开颅时伤及脑组织 ⑩ 。▶

（7）掰开（图 7.9）：利用反关节技术掰开分离关节。例如，分离膝关节时，一个剪刃在股骨前，另一个剪刃在胫骨后，反膝关节掰，使股骨和胫骨的关节咬合分离 ⑱ 。▶

（8）夹持：剪子使用熟练后，可以将其作为镊子使用，临时夹住碎小物体。节省换镊子的时间。

图 7.7　用剪子分离肌肉和股骨　　图 7.8　用剪子撑开颅骨　　图 7.9　用剪子掰开膝关节

第8章
注射器的使用

一、背景

无论注射还是抽吸，大多需要使用注射器。然而，市面上基本没有用于小鼠的专业注射器，使用的都是临床注射器。小鼠体形小，注射量和抽吸量都很少，对操作精准度的要求远高于临床，因此，在小鼠实验中使用临床注射器，必须采取特殊的使用方法以弥补专业注射器的不足。

本章将介绍：注射器使用前的准备，包括推拉针芯、显示针筒刻度、抽取药液和注射器内保留空气的药液抽取；注射器握持方式，包括单手和双手配合的八种握持方式；注射器使用技巧，包括稳定针头的方法、注射和抽吸技巧；针头的使用原则和技巧。

二、注射器使用前的准备

1. 推拉针芯

对于一次性注射器，受其制造时间、材料性质的影响，在开始使用时，针芯在针筒中的移动会有不同程度的阻涩。小鼠体形小，注射剂量甚微，因此只有推动顺滑的针芯才能保证剂量的精准。使用前应至少快速大幅度拉推针芯三次，以消除针芯橡胶和针筒管壁之间初次使用时的阻涩。

2. 显示针筒刻度

使用注射器时针筒刻度面向上，保证使用时可以看到针筒刻度，在精准抽吸液体时，这一点尤其重要。

3. 抽取药液

（1）注射器内杜绝空气残留：血管注射时，为了防止出现气栓，必须避免注射器和针头中残留任何气体。注射器吸取药液后，通常需要采用一定的操作将针筒内的空气排出干净，具体方法有以下几种：

方法一：注射器吸入药液后，针头向上，指弹震动注射器，使下面的气体上升到液体上面，然后推动针芯将气体排出。

方法二：针尖向下吸入少量液体，保持针头在液体中，迅速推出，使液体和气体一起被推入液体容器中。反复数次，可以基本排空针筒内的气体。

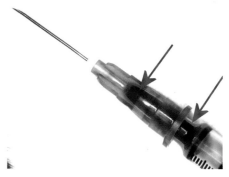

图 8.1　长针芯注射器，箭头示填满注射器接口的细长针芯顶端

（2）抽取少量药液：当药液非常少，不允许在注射后有药液残留在注射器接口处，可以采用特殊的注射器。一种注射器和针头是固定一体的，没有针头接口，也就不会有药液残留在接口内。另一种是长针芯注射器（图 8.1）。针芯顶端有一块加长的橡胶头，当将针芯推到底时，针芯顶端进入并填满注射器接口，基本没有任何液体可以残留在注射器内。

（3）预置抗凝剂：如果采血时需要抗凝，抗凝剂要第一时间接触血液。事先将抗凝剂通过针头吸入注射器内，并且直至开始抽血时抗凝剂仍存在针头内。不推荐把抗凝剂加在血样容器中，或者用移液管将抗凝剂注入注射器，然后安装针头，这两种方法都会推迟血样接触抗凝剂的时间。

4. 注射器内保留空气的药液抽取

一般非血管注射，对注射器内是否存在少许空气没有严格要求，有时有意在注射器内保留部分空气，以达到节省药物、制作气栓或清除注射器内液体的目的。

（1）采血：抽血前在注射器内保存少量空气，将血样注入容器时，最后将针筒内的空气快速推出，可以把存在针头接口内的残血冲出注射器。

（2）腹腔大剂量注射 ❸：为了避免拔针时药液从针孔溢出，在吸入药液前，先在注射器内保留 100 μL 空气。当药液注射完毕，针尖拔到皮下，将从皮下退出的同时，将空气注入皮下针道内，形成气栓，阻止药液从针孔溢出。▶

（3）气管灌注行肺原位癌建模 ❼❺：注射器内先吸入 20 μL 空气，再吸入肿瘤细胞。利用这段空气可以将气管内的肿瘤细胞冲进肺深部，排空气管。

（4）脑内快速注射 ❼❶：用极少量空气填充拔针时的针道，避免药液溢出。

（5）逆向冲洗鼻腔 ❾❷：注射器内先吸入大量空气，再吸入少量药液，先将药液从鼻咽管注入鼻腔，再继续用注射器内的大量空气将鼻腔里聚集的药液冲出鼻孔。

（6）注射器内保留原始空气，可以节省药液。现代生命科学实验，尤其是分子生物学实验中，有些药物非常珍贵，不容许有任何一点浪费。

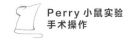
做肌肉、皮肤、腹腔注射或灌胃等，靶器官容许有微量空气进入。将针芯推到底后直接抽取药液，就可以保留注射器接口和针头内的少许原有空气。注射后这些空气基本上还是保持在注射器接口和针头中而不进入动物体内，如此药液可以全部注入靶器官。

三、注射器握持方式

小鼠实验特点要求操作非常精确。精确使用注射器包括精确注射药量和把针头精确刺入小鼠身体的特定位置，确切地说需要在不同的注射部位，用特定专业的握持手法。不专业地随便握持，是无法精准完成注射操作的。下面介绍八种不同的注射器握持方式。

方式一（图8.2）：用于刺穿阻力大的单手注射，例如，颈部皮下注射。关键是必须能够握紧注射器。常规地用食指和中指夹持注射器不够稳固，应该用拇指、食指和中指握持注射器，针头刺入皮下后，保持手指抓紧注射器，用手心向前推针芯，完成注射。

方式二（图8.3）：三指持注射器，可用于肌肉注射等。特点是除了传统的中指和食指夹持注射器之外，大拇指参与握持针筒，一方面使之更为稳定，另一方面是避免在注射前，大拇指无意中触动针芯，导致药液损失。只有在针头准确进入小鼠机体后，大拇指才能从固定针筒的位置，转到按压针芯的位置。

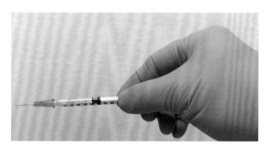

图8.2　注射器握持方式一

图8.3　注射器握持方式二

方式三（图8.4）：两指持注射器，可用于尾侧静脉注射 **55** 。因为尾侧静脉已经被左手完全固定，右手无须用力抓持注射器，而且针筒会被架在左手的拇指上，非常稳定。针尖没有进入尾侧静脉之前，拇指远离针芯，以免误触针芯提前注射。

方式四（图8.5）：垂直持注射器，可用于灌胃 **1** 。优点是进针和推注过程中拇指和中指始终不离针筒，灌注时不用更换手指。小鼠采用直立体位灌胃，若用传统注射方式持注射器，针头无法从上向下插入食道。▶

方式五（图8.6）：适用于熟练灌胃者 **1** 。不同于方式三，这种方式的优点是轻盈灵活，更安全可靠，但是需要熟练的操作技术。▶

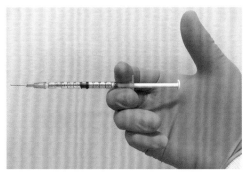

图 8.4　注射器握持方式三　　　　图 8.5　注射器握持方　　图 8.6　注射器握持方式五
　　　　　　　　　　　　　　　　　式四

方式六（图 8.7）：双手持注射器，可用于心脏采血、后腔静脉功能血样采集等 **48**。这个方法应用于抽吸时，左、右手配合操作注射器，以确保针筒完全固定，不容许有丝毫移动；否则，随着注射器轻微移动，在血管中的针头会意外划伤血管内皮，引发组织因子的意外释放，造成血样无效。

方式七（图 8.8）：握持方式犹如手持匕，此方法用于单手膀胱穿刺抽吸尿液。常见的单手操作注射器抽吸，是用食指和中指夹持针筒，用拇指和无名指控制针芯，在抽吸时必然出现食指和中指向前的动作，这样常常导致意外刺穿膀胱。本方法特点是用 4 指握持针筒，用拇指挑起针芯抽吸，可以确保抽吸时针筒和针头丝毫不动，操作安全可靠。

图 8.7　注射器握持方式六　　　　　　　图 8.8　注射器握持方式七

方式八（图 8.9）：握持方式类似方式七，可用于腹部穿刺采集尿液（图 8.10）。由于手指错开，可以暴露出部分注射器刻度，所以这种方式方便看到注射器上的刻度。

图 8.9　注射器握持方式八

图 8.10　腹部穿刺采集尿液

四、注射器使用技巧

1. 稳定针头的方法

（1）针头支架：鉴于小鼠体形小，注射时需要将针头稳定在细微的肌体特定部位内，避免移位。食指和中指夹住注射器，拇指向前推进针芯时，食指和中指不可向后拉动注射器，最好在注射时把针头靠在某部位。例如，做阴茎背静脉注射时，针头可以架在阴茎骨上 **48**（图 8.11）；做肠浆膜下注射时，针头架在镊子上（图 8.12）。

（2）针筒支架：针筒贴靠在物体上，可以很好地稳定注射器，进行精密操作。如心脏采血时，注射器架在左手的拇指上以求稳定（图 8.13）。

（3）手指支架：腹腔注射时，持注射器的手的小指顶在另一只手的小鱼际上（图 8.14），以稳定针头刺入深度。

图 8.11　以阴茎骨作为针头
支架

图 8.12　以镊子作为针头支架

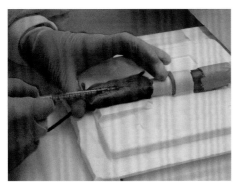

图 8.13　以手指为针筒支架

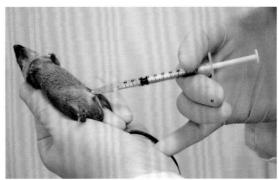

图 8.14　以手指抵在另一只手上为支架

2. 注射和抽吸技巧

（1）精准控制回吸（图 8.15）：用指尖顶在注射器后沿，依靠改变手指角度，对针芯做微量牵拉，可以精准地进行数微升的抽吸操作。

（2）注射和抽吸速度的控制：快速推注，用于静脉注射时，使药物以高浓度瞬间进入靶器官；缓慢推注，目的在于避免药物冲击损伤血管内皮；缓慢抽吸，目的在于避免血管内

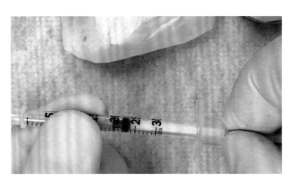

图 8.15　改变手指角度，精准控制回吸

皮被吸附进针尖 48 。随时调整抽吸速度，用于心脏穿刺采血 47 ，根据血液流出的速度调整抽血速度。

五、针头的使用原则和技巧

（1）针尖的斜面与进针角度。除了连接针头和钝针头以外，大多数锐利的针头前端为一个斜面，针孔开口在斜面上。精准的针尖行进方向与注射器的纵轴方向不一样，它是针头斜面角度的角平分线。在非精确注射时，可以忽视这一点。在小鼠静脉注射操作时，为了针尖在细小的血管腔中心前行，避免损伤血管内皮，注射器的行进角度是针尖斜度的1/2，如图 8.16 所示，注射器行进角度与注射器纵轴是不平行的，只有这样才能保证针尖位于血管腔中心。

（2）针头刺入组织的准确深度，可以事先精确弯曲针头的长度来控制。注射时针头伸入组织到达弯曲部位，即可开始注射。如果实验不允许弯曲针头，可以用一节精准长度的

图 8.16　尾侧静脉注射进针角度示意

塑料套管套在针头上（图 8.17），露出准确长度的针头。当针头刺入组织，到达套管时，就意味着已经到了设计深度 **61**。

（3）方便针头刺入组织的角度。有些注射或抽血操作，需要一定的角度才便于操作，这时可以先将针头弯曲一个适宜的角度，再刺入组织。例如，做腰椎穿刺时，针头需要精确地垂直刺入腰骶关节的背侧面，然后才有可能转动一定角度进入脊髓腔。事先将针头弯曲 90°（图 8.18），方便掌握垂直进针角度 **81**。

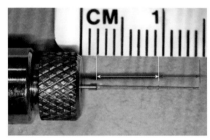

图 8.17　针头套管，白箭头示套管长度，红箭头示露出的针头长度

图 8.18　弯曲 90° 的针头

第 9 章

聚乙烯管的加工

一、背景

聚乙烯管，简称 PE 管，质地偏硬，可以适度拉伸，被广泛用于动物实验。PE 管直径分型多，型号越大，管径越大；管壁越厚，管径越小。

作为导管，在小鼠实验中最普遍使用的型号是 PE 10，外径 0.61 mm，内径 0.28 mm，适于连接 30 G 针头；PE 20，外径 1.09 mm，内径 0.38 mm，适于连接 27 G 针头。

图 9.1 用管镊夹持 PE 管

尽管 PE 管较硬，但仍容易被普通镊子夹扁，所以需要使用管镊夹持（图 9.1）。

PE 管除了用作导管，还可以用作穿刺头。当加热封闭一端后，还可以用作管塞。

二、PE 管的加工改造

1. 常规插管

PE 管用作常规插管，为了便于插入血管壁上的开口，将其前端切成 45°。

2. 穿刺头

PE 管较硅胶管硬，可将头端切成 15° 锐角，制成穿刺头（图 9.2），直接刺入静脉，无须再行常规

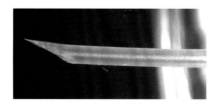

图 9.2 穿刺头

血管切开手术。小鼠颈外静脉插管时，直接用穿刺头刺穿胸肌、刺入静脉；在颈总动脉两端阻断血流时，也可以用 PE 10 穿刺头直接刺入。

为了保证进入血管后不因其自身重量而导致其位置变化，穿刺头通常仅为 1 cm 长，后接柔软的硅胶管（图 9.3）。硅胶管的另一端一般连接钝针头（接管针头），钝针头后接注射器。

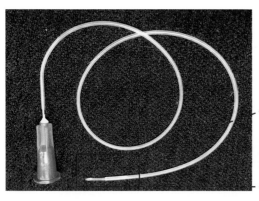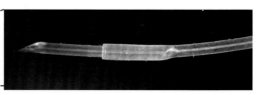

图 9.3　连接硅胶管的穿刺头，硅胶管另一端连有钝针头

（1）穿刺头的制作方法（图 9.4）：

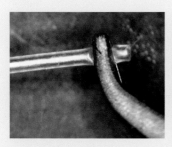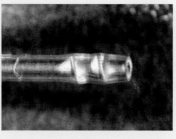

1. 在 PE 管顶端 1 mm 处用针持将其夹扁。→　2. 夹持后形态如图。→　3. 用单刃刀片 15° 斜切 PE 管顶端，尖端位于夹扁区域的内侧端。

图 9.4　穿刺头的制作

图 9.5　PE 管被夹扁后切断和未被夹扁切断的效果对比。上为被夹扁后切断，下为未被夹扁切断

（2）注意事项：先用针持夹扁 PE 管是为了消除顶尖部位的弧形，使其呈尖锐的效果（图 9.5）。

3. 膨大头

为了保证插管不从宽大的管道（例如，阴道、胃肠道）中滑脱出来，需要将插管前端制成膨大头，然后结扎固定。

（1）材料和工具：电烧烙器（单极电热丝式）（图 9.6）。

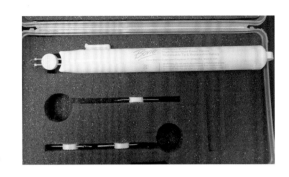

图 9.6　电烧烙器

（2）膨大头的制作方法（图 9.7）。▶

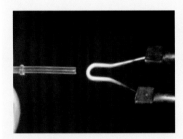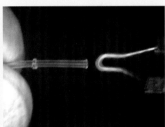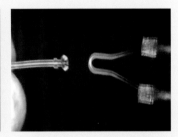

1. 将电烧烙器接近 PE 管。→　　2. PE 管端面开始膨大、后　　3. 达到所需大小，即停止加
　　　　　　　　　　　　　　翻。→　　　　　　　　　　热。

图 9.7　膨大头的制作方法

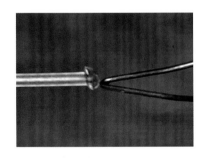

图 9.8　膨大头不正

5. 加箍防止脱落

选择内径稍小于 PE 管外径的硅胶管，剪成 1 mm 宽的环状，套在 PE 管上，形成管箍（图 9.9）。插管后可以将固定线在管箍处系紧，以固定插管。

（3）注意事项：电烧烙器接近 PE 管的速度要慢，且水平对准管口。如果接近 PE 管速度过快，难以掌握膨大的尺寸和速度；如果没有水平对准管口，会出现膨大头不正的现象（图 9.8）。

4. 拉细插管

为了将 PE 管插入细小的血管（例如，小鼠股动脉皮支），可将其拉细，然后从中间最细的部位斜行切断，做成 2 支插管。

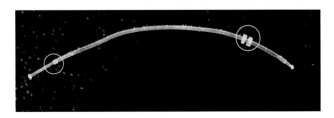

图 9.9　管箍

6. 卷曲以节省操作空间

PE 管加热到一定程度后明显软化，可以将其卷曲以节省操作空间。例如，将 PE 10 管缠绕在圆柱体上，用开水煮 1 分钟，取出后冷却，即成螺旋状管。

7. 血流阻断管

取 PE 10 管 5 mm，在头端正中纵向切开 2 mm，将 7–0 尼龙缝线 7 cm 穿入塑料管，如图 9.10，其中上为头端，下为尾端。使用时，缝线拉紧后卡在切口中（图 9.11），具体使用流程见图 9.12。

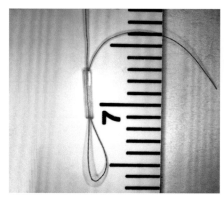

图 9.10　血流阻断管　　　　　　　图 9.11　血流阻断管使用时的状态

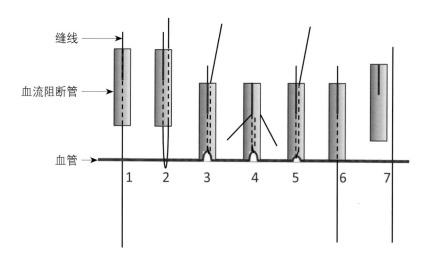

图 9.12　血流阻断管使用流程示意

1. 分离血管，准备好塑料管；2. 缝线从血管下穿过后，两头穿入塑料管；3. 向上拉紧缝线，缝线将血管在塑料管底端勒紧，达到断血目的；4. 双线头向下拉，卡入塑料管的切口里，保持血流阻断；5. 手术结束，将卡在塑料管切口中的线头解脱，放松血管，血流开始恢复；6. 一根线头从塑料管另一端拉出，血流完全恢复；7. 缝线和塑料管与血管分离

操作基础：常用局部暴露

第二篇

第 10 章
常用手术体位

一、背景

小鼠体位（图 10.1）分为手术体位和操作体位。手术体位多指安置在手术板上的体位，是本章介绍的重点；操作体位，随操作方式而不同，例如，灌胃、肌肉注射、皮肤注射、腹腔注射等都要求不同的体位，这将在各相关章节中细述。

小鼠体形小，便于操作者根据实验要求设计相应的手术体位，还可以很方便地在术中变换体位。体位有多种，名称各异，为方便学术交流，有必要统一体位名称。规范体位之前，需要确认专业的小鼠解剖命名，以避免四肢行走动物与临床体位名称相混淆。

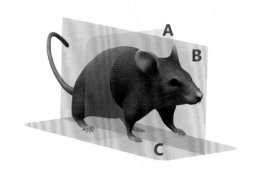

A. 横切面；B. 矢状面；C. 冠状面

图 10.1 小鼠体位示意。小鼠为四肢行走动物，且操作中小鼠的身体位置常会变化，故在体位描述时避免使用"上、下"，用"背、腹"更确切

二、解剖定位

定位原则：小鼠定位不以外界环境和操作者方位为坐标，而以小鼠自身的解剖和生理标志进行定位。

1. 三维解剖截面

和临床一样，在描述小鼠三维状态时也分为三个面：矢状面、横切面和冠状面

（1）矢状面：将小鼠分成左、右剖面。

（2）横切面：长形躯干和肢体的横切面。躯干横切面将小鼠分成前、后剖面；将四肢分成近侧和远侧；将肠道按照食物运行方向分为近侧和远侧。

（3）冠状面：将躯体分为背侧和腹侧。冠状面与水平面并不完全一致，只有小鼠卧位时，冠状面才相当于水平面。

2. 近端和远端

躯干外器官止于躯干，例如，四肢、尾部、耳廓、体毛，都有远端和近端之分。血管止于心脏，以心脏为中心，也有远端和近端之分。

3. 方位系统

方位包括内外、前后、顺逆、左右、腹背、远近等。

（1）内外：指向躯体外面方向为外，指向躯体内面为内。

（2）前后：相对头向为前，尾向为后。

（3）顺逆：顺或逆生理运动的方向。例如，血流方向，食物在消化道运动的局部方向。

（4）左右：以小鼠自身左、右为标准，不是指操作者的左、右。

（5）腹背：用于描述头颈躯干和尾部，不用于四肢。

三、常用小鼠手术体位

（一）手术体位的分类

1. 仰卧位

仰卧位虽然是小鼠手术中最常用的体位，但不是小鼠的休息体位，所以仰卧位不为清醒小鼠所接受，手术必须全麻。仰卧位用于腹面手术，例如，开胸、开腹、大腿内侧及尾腹面手术。

一般麻醉状态下的小鼠取仰卧位时需要固定四肢（图 10.2），其目的不是为了限制小鼠挣扎，而是为了摆放手术体位。固定时用胶带或弹力带足矣，禁用绳索捆绑，以避免四肢末端缺血。需要仰头体位时，前门齿挂线固定。

除了采取仰卧位之外，还可就手术部分进行针对性的处理，比如，垫高术区等（图10.3）。

2. 俯卧位

俯卧位（图10.4）一般用于后颈部、背部和腰部手术，可以固定双耳以代替固定门齿

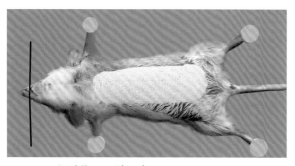
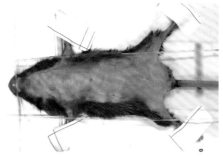

图 10.2　仰卧位，四肢固定

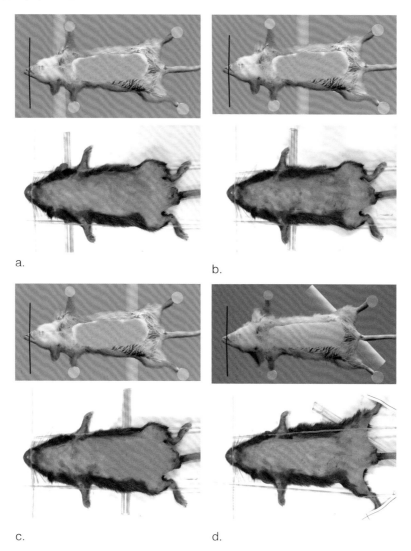

a.　　　　　　　　　　　　　　b.

c.　　　　　　　　　　　　　　d.

图 10.3　为了更方便地手术，通常垫高术区

a. 颈部手术，横向垫高后颈，以避免术区深陷；b. 胸部横向垫高，用于开胸手术；c. 腰部横向垫高，用于腹腔手术；d. 腹股沟手术时，斜向垫高术区，如股动静脉手术

和前肢。图 10.4 为左肾后路手术体位。

3. 侧卧位

侧卧位（图 10.5）使用较少，可用于眼、耳、脾等部位的手术，一般无须固定四肢。

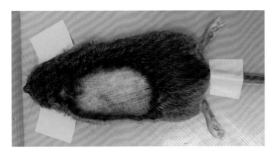

图 10.4　俯卧位

图 10.5　侧卧位

4. 斜侧位

斜侧位（图 10.6）常用于一侧肾手术或脾手术，固定术侧前后肢和另侧耳朵，以及尾根部。

5. 头低位

头低位（图 10.7）用于枕骨大孔手术，需要头部下垂，胶带固定双耳，尾根固定，以免身体前移。

图 10.6　斜侧位

图 10.7　头低位

图 10.8　挂位

6. 挂位

挂位（图 10.8）用于喉部手术或插管。将小鼠上门齿悬挂，令头后仰，后仰角度可调。

56

（二）手术体位的调整

若术中需要调整体位，采用可调体位比较适当。用磁铁四肢固定装置比较方便体位的调整，如图 10.9，小鼠四爪用血管夹夹住，固定在可移动磁铁上，可以根据手术需要随时调整磁铁位置。

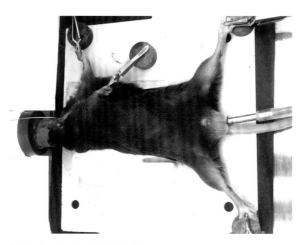

图 10.9　磁铁四肢固定装置

第 11 章
颅骨暴露

一、背景

颅骨暴露一般用于颅脑手术。在小鼠实验中，颅骨暴露常用于影像学研究。由于影像信息获取深度的限制，大多数影像设备观察的是脑靠近颅顶的部分。去除颅骨对小鼠的生理损伤太大，薄化颅骨成为较受欢迎的方法，所以，我们提到的颅骨暴露常包括颅骨薄化。

二、解剖基础

小鼠颅骨顶部包括鼻骨、额骨、顶骨、间骨、枕骨；侧面包括前上颌骨、下颌骨、颧骨、鳞状骨、耳泡等。前囟点（bregma）、人字点（lambda）、矢状缝和冠状缝都是颅骨上非常重要的定位标记。

颅骨顶部表面是皮肤及体毛，其下有一层浅筋膜。颅顶皮肤没有大的血管，不用担心沿矢状缝切开皮肤时发生明显的出血，但是如果切除的颅顶皮肤离耳根太近，会发生小量出血。

三、器械与耗材

手术显微镜；微型电钻和钻头（图 11.1）；抛光头；毛刷（图 11.2）；有齿镊；剪子；棉签；生理盐水；麻醉药。

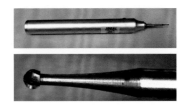

图 11.1　微型电转（上）和钻头（下）　　图 11.2　抛光头、钻头、毛刷

四、操作方法

颅骨暴露法见图 11.3。▶

1. 小鼠常规麻醉。
↓

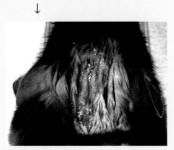

2. 头顶备皮后局部浸湿。→

3. 用镊子夹起双耳间皮肤。→

4. 将剪子下压，贴颅骨剪除夹起的皮肤。↓

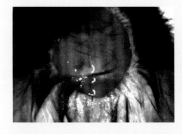

5. 剪除皮肤后，颅骨呈椭圆形暴露。→

6. 用棉签可以轻易地擦除新鲜暴露的颅骨表面的筋膜。→

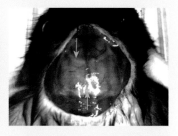

7. 清除筋膜后的颅骨光滑，表面很快会干燥。颅骨结合部呈犬牙交错状，形成骨脊。骨脊向颅内方向凸起，呈白色，如箭头所示。↓

8. 此时常见有脑脊液自颅骨内面溢出到顶骨表面，如圈示脑脊液。→

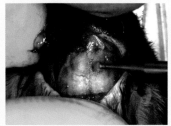

9. 选用平磨钻头，不必等颅骨表面干燥，尽快用微型电钻平磨颅骨。操作时需要用另一只手固定小鼠头颅。→

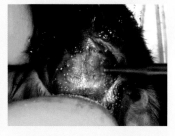

10. 打磨时控制钻头侧面向下的压力，要求均衡轻柔。其间会有骨屑纷飞，只要不影响视线，无须特别注意。为避免局部因摩擦产生高热，需采用间歇性打磨，暂停时用生理盐水冲洗颅骨表面降温，此时骨屑自然被清理。↓

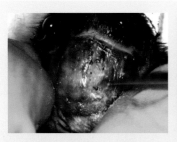

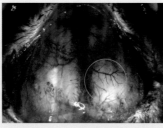

11. 骨层被磨除时，不时有骨髓小血管破损，有少量点状出血，一般会很快自行停止。↓

12. 颅骨不必完全去除，薄到可以触动向下塌陷，随即弹回即可。↓

13. 换用抛光头行表面抛光，沿磨薄区域清理表面一次即可。这是为了平滑表面，避免因磨薄时产生的粗糙面影响影像。▶→

14. 完成后应该可以清楚地看到大脑表面的血管，如图中左右侧对比。右侧是颅骨部分磨薄区域，绿圈示清晰可见的血管；左侧未做磨骨处理。→

15. 颅骨内面的骨脊可以保留，使打磨后的颅骨表面保持平滑。

图 11.3　颅骨暴露法

操作讨论

（1）掌握磨除颅骨的厚度很关键。磨除不足则保留太多颅骨；磨除过度则破坏硬脑膜，出现脑脊液外溢，进而损伤软脑膜，发生大量出血，最终导致手术失败。

（2）颅骨磨除完成的标准：轻触表面如软纸塌陷（骨脊处除外），抬手弹起恢复原状。

（3）做影像观察时，颅骨表面可以滴纯净的矿物油，提高透明度。

（4）图 11.4 是颅骨磨薄前后对比。

图 11.4　颅骨磨薄前后对比。左为没有经过打磨的颅骨；右为打磨后的薄颅骨和完整的骨脊

第 12 章
舌下静脉暴露

一、背景

小鼠舌下静脉相对较大，可以用于静脉注射，也可以制作检验出凝血的血管损伤模型。与尾侧静脉相比，舌下静脉的优点是不需要加热就可以直接注射，而且可在直视下进行；缺点是小鼠需要麻醉，还要先把嘴撑开才能操作，止血不方便。

二、解剖基础

小鼠的味蕾分布在舌背面、舌尖和周边；舌腹面仅有一层黏膜（图 12.1），正中纵向有一条舌中央沟，其左、右各有一条舌下静脉走行在黏膜下，可以直视看到（图 12.2，图 12.3）。

舌下静脉在距离舌尖约 2 mm 处从深部走行到黏膜下，向咽部延伸，向两侧发出多支

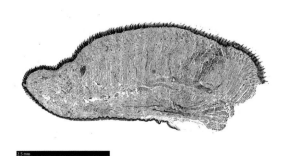

图 12.1 舌中线纵切面组织切片，H–E 染色。上为舌背面，布满味蕾；下为舌腹面，仅有一层黏膜

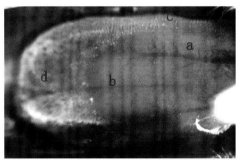

a. 舌下静脉；b. 舌中央沟；c. 舌边味蕾；d. 舌尖味蕾

图 12.2 舌腹面

水平小静脉分支。舌下静脉没有动脉伴行，所收集的细小静脉的血液，回流至面静脉。在舌中央有连接左、右舌下静脉的静脉网（图 12.4）。

舌部的主要动脉是舌深动脉（图 12.5），有同名静脉伴行，走行于舌深部，平行于舌下静脉。由其发出的细小动脉支（图 12.6）是舌腹面动脉血的来源。

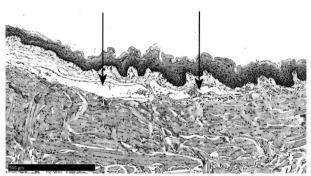

图 12.3　舌下静脉纵切面组织切片，H–E 染色。可看到舌下静脉位于黏膜下，箭头示舌下静脉

图 12.4　舌静脉伊文思蓝染料灌注照，箭头示左、右舌下静脉，中央可见静脉网

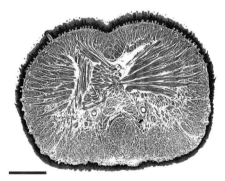

图 12.5　小鼠舌横切面病理切片，H–E 染色。左、右舌深动脉，如绿圈所示

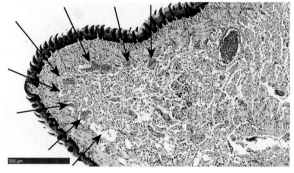

图 12.6　小鼠舌尖纵切面组织切片，H–E 染色。箭头示舌深动脉发出的细小动脉支

三、器械与耗材

无齿镊；开口器（图 12.7）。

图 12.7　开口器

四、操作方法

舌下静脉暴露法见图 12.8。

1. 小鼠满意麻醉后，仰卧于开口器上，头部朝向操作者。
↓

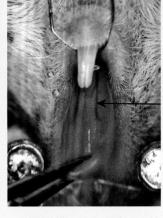

2. 上开口器：金属丝固定上门齿，弹力带勾住下门齿，向尾端拉开口▶。→

3. 用镊子横向夹住舌尖，向头端外拉出舌头，暴露舌腹面的舌下静脉。

图 12.8　舌下静脉暴露法

操作讨论

如果需要用双手操作，可以将舌尖压在门齿弹力带下（图 12.9），免除左手用镊子夹持舌头的操作。

图 12.9　用门齿弹力带压住舌尖

第13章
颈前区暴露

一、背景

小鼠颈前区是常用的手术操作区域,例如,一些淋巴结和腺体采集、颈外静脉和颈总动脉手术、气管插管等,甚至有些主动脉弓和胸腺手术也可以在此区域展开。

二、解剖基础

1.腺体

在颈前区浅筋膜内分布着一对巨大的颌下腺(图13.1),左、右各一叶,内缘少许重叠,右叶边缘压在左叶上。近心侧尾部横行交错,表面有颈部淋巴结。翻起颌下腺,可见深面的舌下腺(图13.2)。

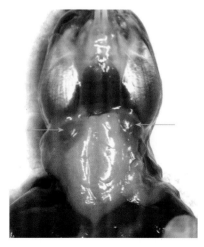

图13.1　颌下腺,箭头示颈部淋巴结　　图13.2　舌下腺,如箭头所示

2. 肌肉

切开皮肤，颈前区前外侧可见二腹肌后腹（图 13.3）。后外侧有锁骨斜方肌，内侧是胸骨乳突肌，均由外前向内后走行（图 13.4）。其深部有从内前向外后走行的较小的肩胛舌骨肌。

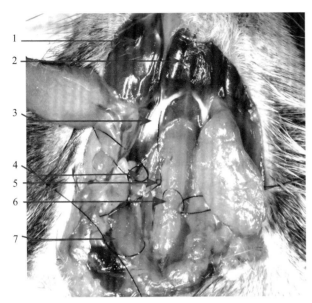

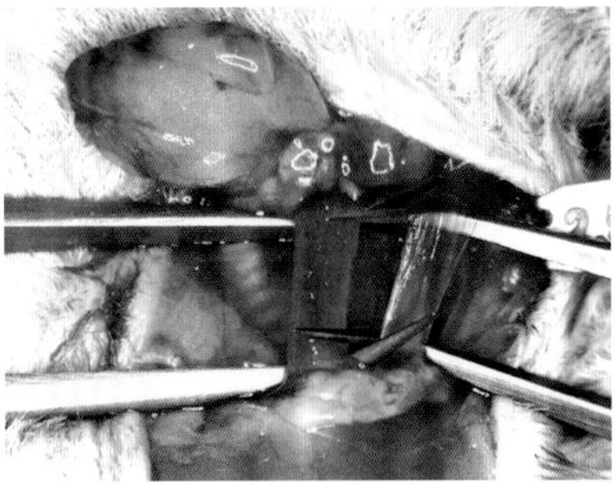

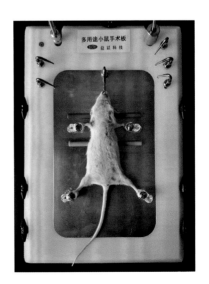

图 13.4　颈部左侧肌肉。镊子挑起部分左为胸骨乳突肌，右为锁骨斜方肌

1. 咬肌；2. 二腹肌前腹；3. 二腹肌后腹；4. 肩胛舌骨肌（黑线环套）；5. 甲状舌骨肌；6. 胸骨舌骨肌（黑线环套）；7. 胸骨乳突肌（黑线环套）

图 13.3　颈部肌肉

三、器械与耗材

手术板（图 13.5）；拉钩；镊子；剪子；麻醉药。

图 13.5　手术板（李晓峰供图）

四、操作方法

颈前区暴露法见图 13.6。▶

1. 小鼠常规麻醉。
↓

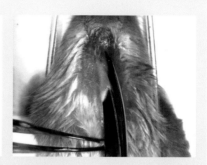

2. 颈前部备皮，取仰卧位安置于手术板上。↓

3. 颈部皮肤消毒。↓

4. 用镊子于胸骨上窝中心线处夹起皮肤，用剪子将皮肤全层纵向剪开 2～3 mm。→

5. 一侧剪尖向皮肤剪口内探入 2 mm，剪尖向上挑起。→

6. 推动剪子向口方向沿纵中线划开皮肤。↓

7. 根据需要的区域确定停止位置。→

8. 安置左、右拉钩，即可暴露颈前区。根据需要暴露区域的深度，决定拉钩安置部位。浅层暴露仅拉开皮肤，深层暴露拉开肌肉。图为暴露气管。

图 13.6　颈前区暴露法

操作讨论

（1）小鼠颈部皮肤很薄，无须用手术刀切开，甚至不用剪开，用剪子划开即可，既快捷，皮肤切口又整齐。

（2）颈前区深部手术前，需将小鼠后颈垫起，前门齿挂线使其头后仰、双前肢外展固定。

第 14 章
颈外静脉全暴露

一、背景

小鼠颈外静脉大且表浅，常被用于注射、插管、采血或做其他血管手术。颈外静脉暴露分为近端暴露和全暴露两种：近端暴露用于注射；全暴露用于插管或其他手术。本章讨论颈外静脉全暴露法，近端暴露法另章介绍。

二、解剖基础

小鼠颈外静脉（图 14.1）源于面前静脉和面后静脉两支静脉的汇集，另有多支小静脉沿途加入，最后进入锁骨下静脉。

颈外静脉跨越锁骨浅面，与锁骨呈 45° 交叉。在此处对血管稍做压迫，就可以看到明显的静脉血流阻滞，颈外静脉充盈，充盈静脉的直径接近 2 mm。

胸肌的前缘覆盖了颈外静脉的近端，遮盖了锁骨下静脉。

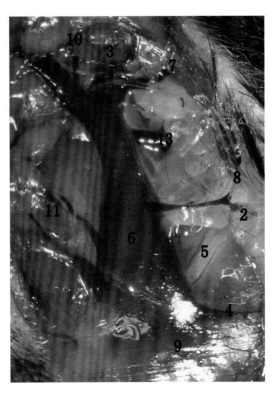

1. 颌下腺静脉；2. 多孔脂肪静脉；3. 面后静脉；4. 头静脉；5. 锁骨；6. 颈外静脉；7. 眶外泪腺静脉；8. 静脉皮支；9. 胸肌；10. 颏下静脉；11. 腮腺静脉；12. 面前静脉；13. 后颈外静脉

图 14.1　颈部静脉。左为内侧，右为外侧

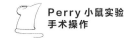

三、器械与耗材

手术板；拉钩；显微尖镊；皮肤剪；皮肤镊。

四、操作方法

以左颈外静脉为例介绍颈外静脉全暴露法（图 14.2）。▶

1. 小鼠常规麻醉、备皮。
   ↓

  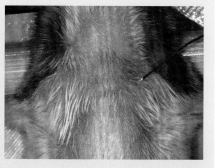

2. 取仰卧位固定于手术板上。固定上门齿令头后仰，固定双前肢令其外展，垫高后颈。→

3. 确认颈外静脉位置。浅色小鼠可以透过皮肤看到颈外静脉，尤其在用弹力带压紧锁骨时更为明显。→

4. 深色小鼠可以通过点压法确认颈外静脉位置。寻找肩关节，用镊子点到肩关节时，同侧前肢出现明显动作。↓

5. 颈外静脉近端位于肩关节内 1 mm 处。↓

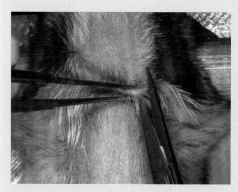  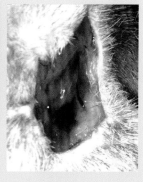

6. 用有齿镊纵向夹起该处皮肤，向尾侧拉入剪口。→

7. 剪子呈 30° 向外上方，沿颈外静脉走行方向将颈部皮肤剪开约 1 cm，暴露其下方脂肪。→

8. 分离胸肌表面的筋膜和覆盖在颈外静脉上的脂肪组织。↓

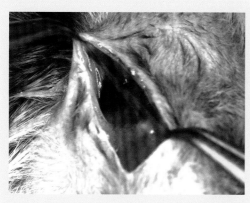 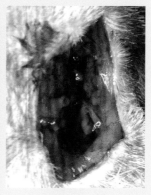

9. 暴露覆盖在颈外静脉上的胸骨皮肌。胸骨皮肌太薄，不容易看清，图中镊子所提起的即为右胸骨皮肌。↓

11. 清理脂肪，暴露颈外静脉全貌。

10. 如果需要清理颈外静脉表面，可以撕断胸骨皮肌。→

图 14.2　颈外静脉全暴露法

操作讨论

（1）靠近近端的颈外静脉表面的脂肪中没有较大的血管，而靠近远端的脂肪中有较大的血管，清理时务必注意。

（2）剪开皮肤时，镊子不可夹持过深，不可夹住颈外静脉。将皮肤和皮下脂肪夹起来剪，不要用剪子直接向下剪皮肤，这样可以确保不会剪到颈外静脉。

（3）暴露部分胸肌，是为了在做静脉注射时，将针头穿过胸肌刺入静脉，这样可避免拔针时出血。

第15章
颈总动脉暴露

一、背景

颈总动脉暴露是实验小鼠手术中的常用方法，多用于颈总动脉插管、器官异位移植、大脑中动脉缺血模型制作等。

二、解剖基础

由浅入深暴露颈总动脉（图 15.1，图 15.2）经过皮肤、颈阔肌、颌下腺、胸骨乳突肌和肩胛舌骨肌。颈总动脉贴附于胸骨舌骨肌外侧，纵向走行，有颈内静脉和迷走神经伴行。其中左颈总动脉源于主动脉弓，右颈总动脉源于头臂干。颈总动脉远端分成颈内动脉和颈外动脉（图 15.2）。

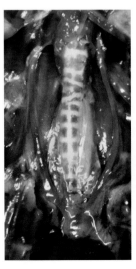

图 15.1 颈总动脉于两侧纵向走行

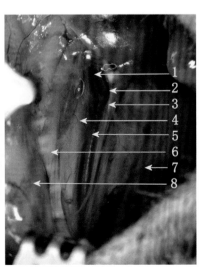

1. 颈外动脉；2. 颈内动脉；3. 迷走神经；4. 食管；5. 颈总动脉；6. 气管；7. 胸骨乳突肌；8. 颌下腺

图 15.2 颈总动脉远端分成颈内动脉和颈外动脉

三、器械与耗材

手术板；皮肤剪；皮肤镊；显微镊；拉钩。

四、操作方法

颈总动脉暴露法见图 15.3。▶

1. 小鼠常规麻醉，颈部备皮，仰卧于手术板上。
↓

2. 上门齿挂线，颈后垫高，使头后仰，双前肢固定，充分伸展颈部。→

3. 沿颈正中线，于胸骨上沿，向上划开皮肤和颈阔肌 ⑬，暴露左、右颌下腺。→

4. 用皮肤镊从正中分离左、右颌下腺。↓

5. 安置拉钩，向外牵引颌下腺，拉钩向外拉胸骨乳突肌，可见搏动的颈总动脉贴附于胸骨舌骨肌外侧。→

6. 可见肩胛舌骨肌由外后向内前越过颈总动脉，其舌骨端位于胸骨舌骨肌前端下缘。→

7. 夹起肩胛舌骨肌，可以更清楚地看到其下的颈总动脉。图中 1 示肩胛舌骨肌；2 示颈总动脉；3 示胸骨舌骨肌；4 示颈内静脉。↓

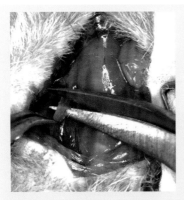

8. 剪断肩胛舌骨肌。→

9. 完全暴露颈总动脉,可见迷
走神经伴行。→

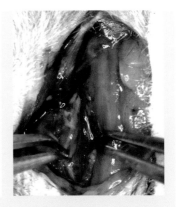

10. 清除表面的结缔组织,完
全暴露颈总动脉。↓

11. 如需分离颈总动脉,可将皮
肤镊从其下穿过,划断下面的
结缔组织。

图 15.3　颈总动脉暴露法

操作讨论

颈总动脉的分离,详细操作参见"第 50 章　垫片断血" 50 。

第 16 章

开胸

一、背景

小鼠开胸一般有手术开胸和解剖开胸之分。解剖开胸多从腹面暴露，其目的多为采集组织标本。采集不同的标本，有不同的开胸方法，其要求是快捷高效。在小鼠实验中，极少有操作者从背面开胸。在本章中分别从腹面和背面介绍开胸方法。

手术开胸的方法取决于实验目的，不同的目的有不同的方法。临床手术暴露心脏需要开胸，小鼠实验也可以在呼吸机的配合下，用临床的开胸方法。若实验目的是冠状动脉结扎，则可以不用呼吸机，采用小切口开胸法。

二、解剖基础

小鼠胸腔（图 16.1）由胸廓和膈围成，内有心脏、肺等脏器。胸腔中间是纵隔，不在胸膜腔内。气管腹面有左、右胸腺。胸腺前部覆盖部分气管，后部覆盖主动脉弓。其左、右有纵隔淋巴结。

心脏位于胸腔的腹面，心脏纵轴为右前到左后，右心室中部位于胸中轴线上。左心室略偏左数毫米。肺位于胸腔左、右两侧和背侧，有胸膜包裹。

食管位于气管背面。从背面掀起脊椎和肋骨，可以清楚地观察原位食管（图 16.2）。

图 16.1　小鼠胸腔暴露

73

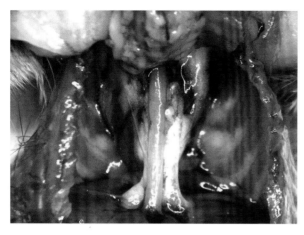

图 16.2 食管背视图。脊椎和背部
肋骨已经切除

三、器械与耗材

异氟烷麻醉系统；剪子；有齿镊；微血管钳；7-0 显微缝线（结扎线）。

四、操作方法

（一）腹面开胸法（图 16.3）

1. 将新鲜小鼠尸体浸水，打湿皮毛。
↓

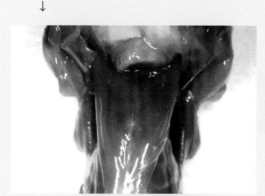

2. 剥皮 ㉑，前半身皮肤撕到颈部。→

3. 用镊子夹住剑突上提。↓

4. 沿肋骨后缘从中间向两侧剪开腹壁，扩展到腋中线。→

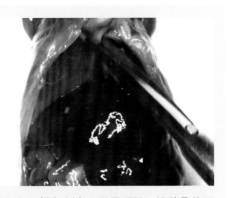

5. 用镊子向上提起剑突，暴露膈肌，沿肋骨剪开膈肌。↓

6. 再由左、右两侧剪到腋中线。→

7. 沿着腋中线剪开双侧肋骨直达腋下。↓

8. 向前翻起腹面胸廓，剪断与腹面胸壁连接的心包膜。将腹面胸廓完全前翻 180°，用微血管钳夹住剑突固定腹面胸廓前翻位置，充分暴露胸腔。→

9. 去除胸腺，完全暴露主动脉弓。

图 16.3　腹面开胸法

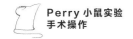

（二）背面开胸法

背面开胸有两种方法：一是撕头法，二是撕尾法 22 。在此介绍撕头法（图 16.4）。▶

1. 将新鲜尸体浸水，打湿皮毛。剥皮 21 ，前半身皮肤撕到颈部即可。→

2. 剪断头部皮肤。↓

3. 图示去除皮肤后的状态。→

4. 小鼠俯卧，剪开右侧脊肋角。↓

5. 一侧剪刃探入胸腔，剪断右侧所有肋骨。根据暴露胸腔范围，决定剪断肋骨的位置。→

6. 同样方法剪断左侧全部肋骨。↓

7. 翻转小鼠呈仰卧位。→

8. 于下颌腺前缘剪断气管、食道和颈部肌肉。↓

9. 翻转小鼠呈俯卧位，操作者左手捏住小鼠头部，右手捏住双前肢。→

10. 将头部后仰向背侧拉伸。↓

11. 颈椎连同胸椎沿着剪断的肋骨向后撕离胸腔。→

12. 图示胸腔完全从背侧暴露，其中，右侧为前肢，显示胸椎内面，可见肺，心脏为肺遮蔽。↓

13. 图为背侧暴露的胸腔，中央纵向为食管，气管被其遮蔽。

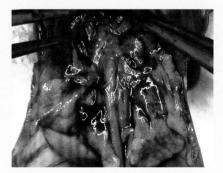

图 16.4　背面开胸法：撕头法

操作讨论

开胸方法的选择取决于实验目的。背面开胸便于发现纵隔淋巴结，便于观察食管和肺；腹面开胸方便对心脏、气管和胸腺的操作。

（三）小切口开胸法（图 16.5）

1. 小鼠异氟烷吸入麻醉，胸前区备皮。

↓

2. 于左侧第 3 和第 4 肋间沿肋骨走行剪开 1 cm 皮肤。

↓

3. 在第 3 和第 4 肋做褥式缝合预置结扎线。

↓

4. 用微血管钳分离肋间肌。

↓

5. 进而用微血管钳刺破胸膜，进入胸腔，分开心包膜。

↓

6. 撤出微血管钳，轻压心耳部位，推送心尖，将其从肋间切口挤出。→

7. 如需做冠状动脉结扎，结扎后将心脏还纳入胸腔。↓

8. 立刻系紧结扎线，缝合皮肤。

图 16.5 小切口开胸法

操作讨论

（1）肋间切口的大小必须适宜。切口过小，心脏无法从肋间切口挤出；切口过大，出现漏气，小鼠马上死于气胸。

（2）技术不够熟练者，为了预防小鼠出现气胸，可以先将一条细小的硅胶管植入其胸腔，后接注射器。一旦发生气胸，可以立刻抽出胸膜腔内的空气。术后抽出硅胶管。

（3）手术必须迅速，过长时间将心脏卡在肋间切口，会造成心脏血液循环障碍，甚至可以直接看到心脏静脉血流瘀滞（图 16.6）。

图 16.6　心脏卡在肋间切口，造成静脉血流瘀滞

第 17 章
开腹

一、背景

小鼠开腹是最常用的手术操作之一。无论腹腔内手术，还是腹腔脏器采集，都需要开腹。由于小鼠皮肤和腹壁都非常薄，因此，专业的小鼠开腹方法不同于临床。同样是小鼠开腹，目的不同，方法也存在差异，所以有手术开腹和解剖开腹之分。两种方法要掌握的原则不同，特点各异。

手术开腹的原则：① 不伤及内脏；② 腹壁切口整齐，便于术后缝合；③ 避免出血；④ 切口长度以能够充分暴露术野的最小长度为宜。其特点是不用刀切，用剪子但不剪，只是用剪刀划开腹部皮肤和腹壁。

解剖开腹的原则：① 充分暴露；② 整洁快速。其特点是先剥皮，然后"工"字形打开腹壁。

本章分别介绍这两种开腹方法。

二、解剖基础

腹中线上有一个皮肤－腹壁标志：肚脐（图 17.1），它位于皮肤腹中线上偏后部位，类似一个扁平的瘢痕，备皮后可见。剥皮后可见肚脐在腹壁上的位置与其皮肤位置相同，为增厚盘状结构（图 17.2）。

腹部皮肤血管来自两侧，腹中线部位为两侧血管的远端，所以沿腹中线划开皮肤，无明显出血（图 17.3）。

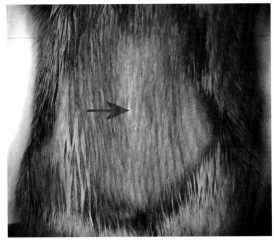
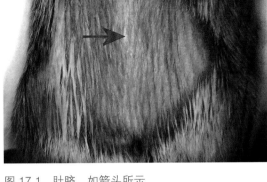

图 17.1　肚脐，如箭头所示

图 17.2　腹壁肚脐的局部放大

　　腹壁表面有一层浅筋膜。其内面是三层交错的腹肌：腹横肌、腹内斜肌和腹外斜肌。腹壁的腹中线从剑突下到肚脐有数毫米宽的筋膜带，没有肌肉，偶有细小血管跨越。纵向拉紧筋膜带，呈一条白线（图 17.4）。划开此筋膜开腹，基本可以避免出血。

　　肚脐后方腹中线逐渐有肌肉覆盖，剪开会出血。如果不必剪到此处，则开腹停止到肚脐部位即可。

图 17.3　腹中线划开皮肤，无明显出血

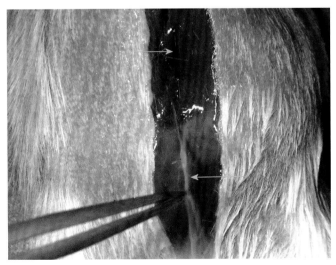

图 17.4　腹壁筋膜带。上箭头示无肌肉的筋膜区，下箭头示拉紧筋膜带形成的白线

三、器械与耗材

解剖板；皮肤镊；圆头直剪（图 17.5）；拉钩。

图 17.5　圆头直剪

四、操作方法

（一）手术开腹（图 17.6）▶

1.小鼠常规麻醉，腹部备皮。
↓

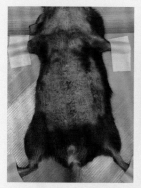 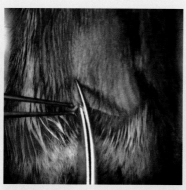 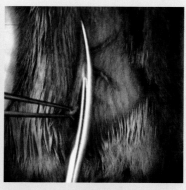

2.仰卧固定于手术板上。
↓

3.辨别肚脐和剑突，以确认腹部皮肤正中线。→

4.用镊子纵向夹住后腹部皮肤上提。↓

5.于腹正中线上将上提的皮肤剪开0.5 cm。→

6.直接将剪子的圆头侧剪刃深入皮下，紧贴皮肤内面沿腹正中线向上划开皮肤，最远可达剑突。↓

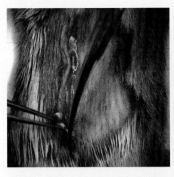 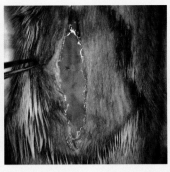 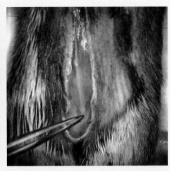

7. 调转剪子，向后沿腹正中线剪开远端皮肤，可达包皮腺。
→

8. 辨别腹壁肚脐。箭头示肚脐。
→

9. 用镊子夹持肚脐部腹肌上提，可见腹白线。↓

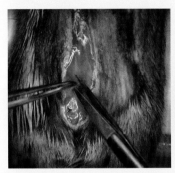 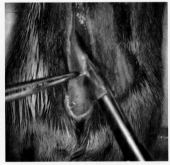 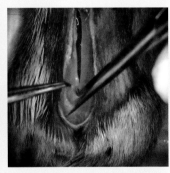

10. 用镊子夹住肚脐前方的腹壁，提起，纵向剪开一个小口。
→

11. 因腹腔进入空气，可见内脏从腹壁内面上坠下脱离。再如同划开皮肤一样，剪子沿腹白线向前划开腹壁。→

12. 若需要涉及后腹部脏器，可以将剪尖向后，扩大开口至手术所需区域。↓

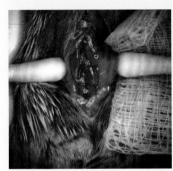 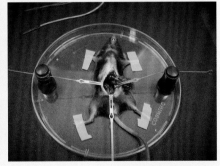

13. 如需将肠翻出体外，则在左侧铺垫湿纱布。→

14. 如需清洗内脏或使用大量液体，需要将小鼠固定在皿碟内，安置拉钩。

图 17.6　手术开腹

操作讨论

（1）小鼠皮肤和腹壁都非常薄，不必像临床一样用手术刀开腹，用剪子更安全。虽然用直剪能剪出一条直线，但是最好用剪子向上直接划开皮肤，可避免切口不整齐。

（2）与临床不同，小鼠皮肤移行性大，因此不必采用临床手术的分离皮肤和腹壁的操作程序。可以在划开皮肤后，直接划开腹壁，皮肤和腹壁自然分开数毫米的宽度（图 17.7），足够腹壁和皮肤分层缝合的距离。

（3）要想划开腹壁时少出血，甚至不出血，应沿着腹中线操作，后方不越过肚脐。

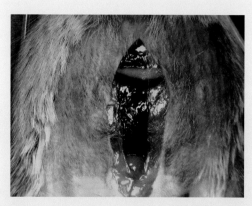

图 17.7　分离皮肤 – 腹壁操作中用剪子划开后的状态。腹肌和皮肤并非像临床手术中所见的粘连在一起

（4）小鼠腹膜腔中没有空气，腹腔为脏器所充满，直接剪开腹壁时，容易伤及脏器。所以，要先剪一个小口，用镊子提起腹壁，这时，脏器会随空气进入腹膜腔而脱离腹壁，给剪子进入腹腔留出安全空间。

（5）进入腹腔内的剪刃必须上抬，紧贴腹壁内面向前剪切或划开，否则容易损伤肝和肠。

（6）剪开皮肤时，用有齿镊纵向夹住腹部皮肤，上提后再用剪子剪，以免误剪到腹壁。

（二）解剖开腹（图 17.8）▶

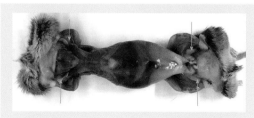

1. 将小鼠尸体剥皮到前肢和后肢 ㉑，直至四肢出现皮肤与肌肉之间的间隙，如图中箭头所示。→

2. 用磁铁在间隙部位将小鼠固定在解剖板上。↓

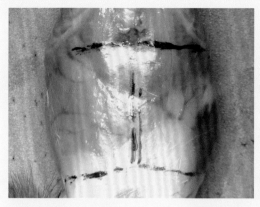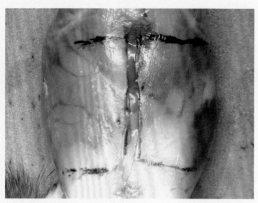

3.此时腹壁完全暴露,以"工"字形剪开腹壁。 4.首先纵向划开腹壁,方法同手术开腹。↓
图中为示意性标记,实际操作中无须用笔标记。
→

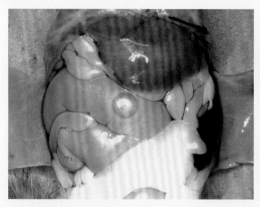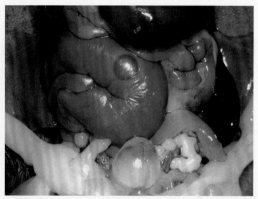

5.然后分别沿肋骨下缘向外侧剪开,对应后腹 6.将腹腔两侧生殖脂肪囊分别向外侧拉开,充分
部也向两侧剪开。横向铺平剪开的腹壁,形成 暴露腹腔脏器。
"工"字形展开。→

图 17.8 解剖开腹

第18章
腹主动脉暴露

一、背景

腹主动脉是小鼠实验常用部位之一，如腹主动脉插管、抽血、器官移植等。由于腹主动脉位置较深，有大量脏器覆盖，因此，需要特别用心于开腹后的暴露。

本章除了介绍相关的解剖基础和传统腹主动脉暴露法以外，还介绍作者设计的腹主动脉暴露环的制备与使用。

二、解剖基础

小鼠腹主动脉位于腹膜外，紧贴腹腔后壁正中纵向走行。与后腔静脉共处一个血管筋膜中，紧贴后腔静脉背面左侧。小鼠取仰卧位开腹后，先看到腹主动脉血管筋膜内的后腔静脉；打开血管筋膜后，才能看到后腔静脉左下方的腹主动脉。在筋膜中亦有小血管走行。

腹主动脉的主要分支有：① 膈下动脉（图18.1），分左、右两支分布于横膈；② 腹腔动脉干；③ 肠系膜前动脉（图18.2）；④ 肾动脉；⑤ 生殖动脉（图18.3，图18.4）；

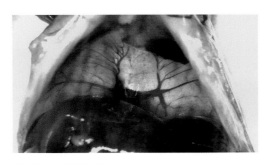

图 18.1　膈下动脉

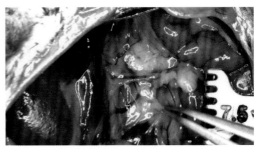

图 18.2　肠系膜前动脉，如箭头所示

⑥ 卵巢动脉（雌鼠）（图 18.4）；⑦ 腰动脉；⑧ 髂腰动脉（图 18.5）；⑨ 荐中动脉（图 18.6）；⑩ 髂总动脉（图 18.7）。

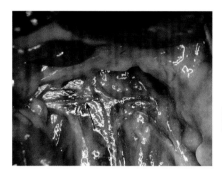

图 18.3　生殖动脉，箭头示雄鼠右生殖动脉

图 18.4　卵巢动脉，上箭头示右生殖动脉，下箭头示右卵巢动脉

图 18.5　髂腰动脉，黑箭头示右髂腰动脉，绿箭头示三支腰动脉

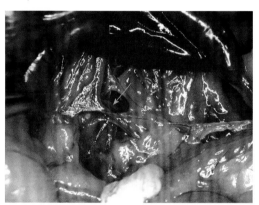

图 18.6　荐中动脉

图 18.7　髂总动脉，箭头示左、右髂总动脉

三、器械与耗材

拉钩；显微尖镊；纱布；棉签；生理盐水。

四、操作方法

传统腹主动脉暴露法见图 18.8。

1. 小鼠常规麻醉、备皮、开腹 ⑰。

↓

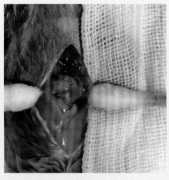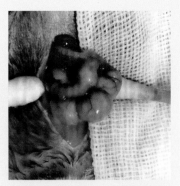

2. 左侧腹部铺上生理盐水浸湿
的纱布。→

3. 将两根棉签蘸生理盐水，用左
侧棉签下压左侧腹壁切口边缘。
→

4. 将右侧棉签探入腹腔背
侧。↓

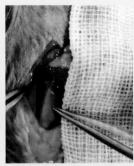

5. 右侧棉签由下向上，
将肠一下端出腹腔，推
于左侧生理盐水浸湿的
纱布上。→

6. 将纱布向小鼠右侧翻
折，覆盖在肠上。→

7. 安置拉钩。↓

8. 用镊子撕开腹主动脉血管筋膜，以棉签清除血
管表面的结缔组织，充分暴露腹主动脉。→

9. 如果需要分离腹主动脉，可以先用镊子从小鼠
右侧穿过动脉下方，再从左侧插入镊子扩大动静
脉之间的距离，以避免镊子穿过动静脉之间时伤
及其右面的后腔静脉。↓

10. 用右镊扩大分离区域，完成腹主动脉的分离。

图 18.8　传统腹主动脉暴露法

操作讨论

操作过程中产生非正常出血的原因：

（1）损伤血管筋膜的血管。解决办法就是要直视筋膜血管操作，避免造成损伤，必要时将筋膜血管从血管壁上分离出来。

（2）损伤后腔静脉。在操作过程中因为牵拉过度，使静脉被压迫而造成部分血管区域缺血，没有经验的操作者通常会将其误认为非血管区域而在操作中致其损伤。

（3）损伤腰动静脉。过度牵拉后腔静脉，直接拉断腰动静脉。

附：腹主动脉暴露环的制备与使用

腹主动脉位置较深，暴露腹主动脉，常需将肠翻出体外。能将肠存于体内，比存于体外的损伤小。为此作者研发了柔韧轻巧的腹主动脉暴露环，在暴露腹主动脉时用于屏蔽肠的干扰。

（一）腹主动脉暴露环的制备

取直径 1.6 cm、长 6 cm 薄塑料管，尾端平均剪成 8 条宽 2 mm、长 5 cm 窄条（图 18.9）。

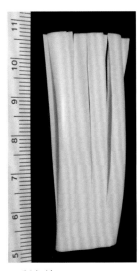 

a. 制备效果　　　　b. 展开图，中央为头端

图 18.9　腹主动脉暴露环

（二）手术操作

腹主动脉暴露环腹主动脉暴露法见图 18.10。

1. 小鼠常规麻醉、备皮、垫高腰部，固定四肢。
↓

2. 开腹 **17** 。
↓

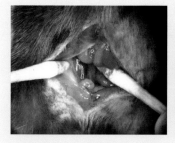  

3. 用棉签向左将肠推开，暴露腹主动脉。→

4. 安装暴露环：将环头端向下，触及腹主动脉。8 条腿用针头固定在手术板上，平衡拉力。→

5. 用 31 G 钝针头向腹主动脉 - 腹腔静脉血管鞘内注射少许生理盐水，令动静脉分离。↓

6. 用镊子撕开腹主动脉周围的结缔组织。↓

7. 需要彻底分离腹主动脉时，以镊子插入其下即可进行分离。→

8. 暴露完整的腹主动脉。

图 18.10　腹主动脉暴露环腹主动脉暴露法

操作讨论

（1）使用腹主动脉暴露环需要配合使用软手术板，例如，泡沫塑料板或软木板，以便于在手术板上用针头固定暴露环的腿。

（2）可以通过调整腹主动脉暴露环的 8 条腿的紧张程度来调整暴露区的形态。

（3）用腹主动脉暴露环可以免除使用拉钩。暴露环的 8 条腿将胃、肠等腹腔脏器封闭在腹内，使腹壁切口呈固定的拉开状态。

第 19 章

腹股沟暴露

一、背景

  不少手术需要在股动脉、股静脉处进行。目前暴露术区的方法多采取直接在腹股沟部位将皮肤连同腹股沟脂肪垫一起切开。如果此区域涉及术后对血流或肿瘤组织生长情况活体影像学观察，则皮肤切口需要避开此区域，以免伤口瘢痕、缝线或金属钉等妨碍影像测量。小鼠腹部皮肤移行性大，腹中线皮肤血管少，在此处做皮肤切口，不但可以避开影像区域，而且术中出血量少，皮肤切口还可以同时用于左、右侧腹股沟手术，便于做同体对照。本章介绍从腹中线入手的腹股沟暴露法。

二、解剖基础

  小鼠腹部皮肤松弛，移行性大。腹部血管由两侧向腹中线延伸，腹中线血管最细且少（图 19.1）。腹壁下动脉第 5 穿支在脐部外侧 1 cm 处走行（图 19.2）。分离皮肤时此血管常

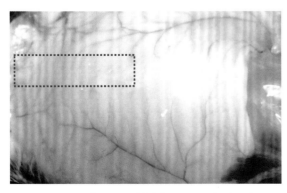

图 19.1 小鼠横向图，侧卧位。左为头侧，右为尾侧。皮肤向头侧翻卷。将后腹部腹中线皮肤切开外翻，显示皮肤血管，可见腹中线血管分布稀少，后腹部腹中线皮肤如蓝框所示

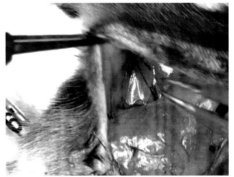

图 19.2 腹壁下动脉第 5 穿支

被撕断。为了避免血管撕断流血，可预先对其进行电烧。

股动脉皮支（腹壁浅动脉）有同名静脉伴行，发于股动脉中部，穿过腹股沟脂肪垫，末端分布于腹股沟皮肤，但不逾越腹中线。

三、器械与耗材

手术板；拉钩；皮肤剪；皮肤镊；棉签；胶带。

四、操作方法

以左侧腹股沟为例介绍腹股沟暴露法（图 19.3）。▶

1. 小鼠常规麻醉，后腹部备皮。
↓
2. 使小鼠以头部远离操作者方向仰卧，四肢腕踝部用胶带固定于手术板上。
↓

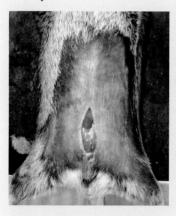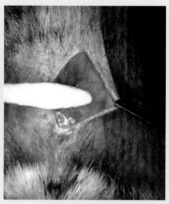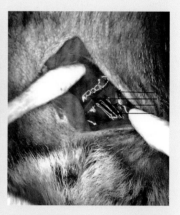

3. 沿腹中线近阴茎前方将皮肤剪开 2 cm。→

4. 右手持镊子夹住小鼠左侧皮缘向其左上方提起。左手持棉签分离腹股沟皮下脂肪垫与腹壁。注意，不可将皮下脂肪垫与皮肤分离。↓

5. 用镊子提起皮肤向小鼠左侧牵拉。用棉签压住腹肌，顺时针方向旋转，以在脂肪垫和腹壁之间分离更大的面积。用棉签旋转分离脂肪垫和腹壁要比锐分离、器械分离更安全、快速。因为此处脂肪垫和腹肌之间没有紧密的粘连。→

6. 双手协同动作，使棉签滚动到腹股沟部深处。直至暴露腹股沟韧带。图中 1 示股神经，2 示腹股沟韧带，3 示股动脉，4 示股静脉。↓

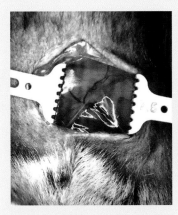 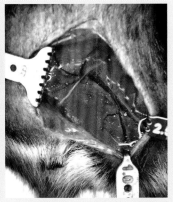

7. 保持腹股沟脂肪垫与腹壁分离，同时维系其与皮肤的整体性。→

8. 安置拉钩，充分暴露股动静脉。↓

9. 必要时增加拉钩数量，这取决于手术区域的要求。如图中，为了做股动脉皮支手术，增加了下拉钩，以充分暴露该血管。

图 19.3　腹股沟暴露法

操作讨论

（1）手术过程应避免伤及股动静脉皮支。

（2）手术完成后，闭合皮肤，可以保持腹股沟区域和股动脉区域皮肤的正常生理活动。

（3）因为没有破坏后肢局部皮肤的血液运行以及保证了该区域皮肤的完整性，在做股动脉等组织的血流测量、生物自发光和荧光等影像测量时，没有手术缝线或金属钉以及瘢痕的影响，可以与健侧做良好的对比。

附：大腿内侧血管解剖

暴露腹股沟，最常见的目的是进行大腿内侧血管手术，例如，股动脉、股静脉、股动脉皮支和股静脉皮支的手术。腹股沟淋巴结和第 4 对乳腺采集也在这个部位进行。

腹股沟的标记是腹股沟韧带（图 19.4）。腹股沟韧带下方有一组动静脉通过。近端为髂外动静脉，远端为股动静脉。股动脉中部有皮支和肌支分出，皮支走行于皮下，穿

过皮下脂肪后进入皮肤；肌支进入股薄肌下面，深入大腿肌肉中。其分支形式有三种（图
19.5）：① 以一个共支（中股动脉）从股动脉发出，再分成两支（图 19.5A，图 19.6）；
② 分别发自股动脉（图 19.5B，图 19.7）；③ 同时发自股动脉（图 19.5C，图 19.8）。股动

图 19.4　腹股沟韧带，如箭头所示

A. 共支（中股动脉）；B. 分别发出；C. 同时发出

图 19.5　三种股动脉分支形式示意

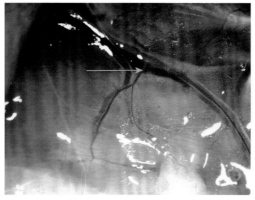

图 19.6　左腹股沟。在中股动脉分支，左边是肌支，右边是皮支。箭头示中股动脉

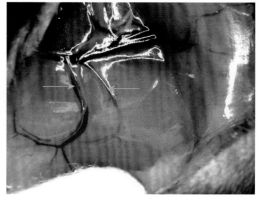

图 19.7　右腹股沟。左箭头示皮支，右箭头示肌支

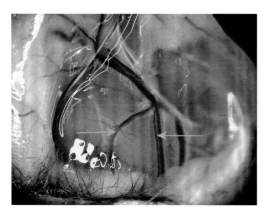

图 19.8　左腹股沟。右箭头示皮支，左箭头示肌支

脉、中股动脉以及皮支和肌支都有同名静脉伴行。

　　腹股沟区的皮肤和腹壁之间有一块巨大的脂肪垫，皮支从这块脂肪垫中穿过。雌鼠第4对乳腺位于脂肪垫和皮肤之间（图19.9）。脂肪垫与皮肤连接较与腹壁连接更紧密，徒手剥皮时，脂肪会与皮肤一起从腹壁上剥离下来。

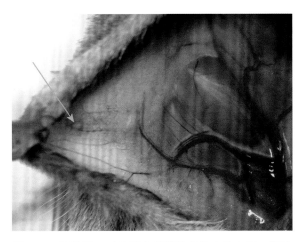

图19.9　雌鼠第4对乳腺位于脂肪垫和皮肤之间，箭头示第4乳头

第 20 章

备皮

一、背景

　　备皮常为术前之必要准备，凡因体毛影响操作和消毒者，都需要备皮。备皮须在麻醉状态下进行，常用方法包括推毛（专用电推子）、刮毛（保险刀片）、脱毛（脱毛剂），其中最常用的是推毛，最彻底、保持无毛状态时间最长的是脱毛。

二、解剖基础

　　小鼠体毛细密有序，全身毛发方向与小鼠前行方向一致，从口鼻部向尾部倒伏，四肢体毛从近处向远处倒伏。备皮需要去除术区的所有体毛。

　　尾部有鳞片，尾毛（图 20.1）稀疏，向后倒伏。行尾侧静脉注射时，无须剃毛。

　　体毛主要有绒毛、尖毛和须毛之分。尖毛比绒毛少而长；须毛（图 20.2）更是少而长，而且分布于特定区域，如口、鼻两侧；尖毛（图 20.3，图 20.4）除了夹杂在绒毛中外，还可见于两颊口腔内侧和牙龈里。

图 20.1　尾毛

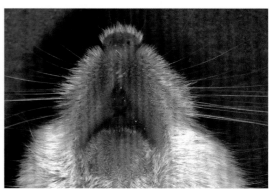

图 20.2　须毛

 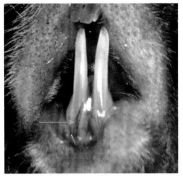

图 20.3 分布于口腔内侧的尖毛，又称为
颊毛

图 20.4 分布于牙龈黏膜下的尖
毛，又称为牙龈毛，如箭头所示

小鼠四爪掌面无毛（图 20.5），但是有汗腺分布。

图 20.5 小鼠爪掌面

三、器械与耗材

异氟烷麻醉系统；小动物专用电动剃毛器，市场有多种类型，需仔细挑选试用；保险
刀片；脱毛剂（可使用人用脱毛剂，但脱毛时间需调整）；剪子。

四、操作方法

（一）电动剃毛器备皮法（图 20.6）

1. 将小鼠麻醉。

↓

2. 拉紧皮肤，逆毛方向贴皮肤剃毛。注意速度不可过快。

↓

3. 剃毛过程中及时用小型吸尘器搜集落毛。

↓

4. 软硬组织交界处的皮肤，例如，肋骨边缘等处皮下软硬不均，高低不平，剃毛时需调整皮肤
拉紧程度，移动皮肤，清理残留体毛。

↓

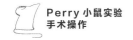
5. 遇皮肤皱缩处，如阴囊，剃毛时要轻触皮肤，谨防划破皮肤。

图 20.6　电动剃毛器备皮法

（二）保险刀片备皮法（技术不熟练者慎用）（图 20.7）

1. 小鼠麻醉后，用温水湿润备皮区体毛。↓

2. 用刀片夹持器夹住刀片。↓

3. 用手绷紧小鼠皮肤。↓

4. 保持刀片小于 45°，紧贴皮肤刮除体毛。↓

5. 如发现出血点，需要更换刀片。↓

6. 皮肤被割破，需调整剃毛角度。↓

7. 如体毛去除不干净，需绷紧皮肤，剃除不干净部分。

图 20.7　保险刀片备皮法

（三）脱毛剂备皮法

脱毛剂有喷剂、乳剂和水剂。喷剂方便，喷后用棉签稍加涂抹，使之与毛根皮肤接触。使用前需将小鼠双眼涂防护眼膏。乳剂多采用人用脱毛剂。方法见图 20.8。

1. 小鼠异氟烷吸入麻醉。
↓

2. 用电动剃毛器将备皮区体毛剃干净。
↓

3. 将脱毛剂涂于备皮区。
↓

4. 随即用棉签或戴手套的手指轻轻涂抹，使之与毛根皮肤接触。↓

5. 保留数分钟（一般 3 分钟。具体时间取决于脱毛剂类型）。↓

6. 用温热湿软纸沾除体毛。不可擦除，以避免纸张划伤小鼠皮肤。↓

7. 用软纸蘸温热水清除体毛。↓

8. 停止气体麻醉。以温热水清洗脱毛剂。→

9. 将小鼠用干软纸包裹，吸干水渍；一般此时小鼠苏醒。置热灯下数分钟，烤干皮肤。图为小鼠脱毛后效果。

图 20.8　脱毛剂备皮法

操作讨论

（1）脱毛剂可以将毛根从毛囊中拔出；电动剃毛器剃毛，只能去除体表的毛干，毛囊内仍存毛根。所以脱毛剂一般可以维持脱毛效果至少 1 周之久，推毛只能保持 3 天左右。

（2）使用脱毛剂时，如果用软纸擦除体毛，数小时后会发现皮肤划痕（图 20.9）。

（3）新生毛发现象：以 57 野生小鼠为例。脱毛后应尽快使用，一旦拖延日久，脱毛区将有大量黑色素沉积，皮肤开始增厚，逐渐有新毛生出（图 20.10），进入新生皮肤阶段。这是因为局部寒冷刺激皮肤进入生长期。

图 20.9　皮肤划痕

图 20.10　脱毛两周后，小鼠皮肤色素增生，皮肤增厚，新生毛发尚未长全

第 21 章
剥皮

一、背景

　　小鼠皮肤很薄，除了爪、面和尾，都很容易被撕开，剥皮时只需要一把剪子即可。由于小鼠剥皮方便、快捷、干净，因此常在尸检、皮下腺体标本采集和撕尾准备时使用，剥皮后操作可以避免体毛和皮肤表面的污染。

二、解剖基础

　　小鼠是松皮动物，大部分皮肤下面都有皮肌层，皮肌层下面是浅筋膜层。浅筋膜层为疏松、游离度很大的筋膜组织，其中分布的血管多为走向皮肤的血管分支，缺少毛细血管。浅筋膜层富有多种腺体：有的贴附在撕脱的皮肤上，如乳腺、汗腺和包皮腺等；有的在剥皮时附着于躯体上，如冬眠腺、颌下腺、舌下腺等；有的随机附着，如耳前腺、腮腺、眶外泪腺等。了解这些特点，有利于剥皮时避免丢失要采集的腺体。

三、器械与耗材

　　皮肤剪。

四、操作方法

　　剥皮法见图 21.1。▶

1. 先将新鲜小鼠尸体浸水，打湿体毛。→

2. 用手指捏起皮肤。↓

3. 在腹中部垂直腹中线将皮肤剪开 1 cm。→

4. 左、右手拇指和食指分别捏住皮肤切口两侧，同时向头部和尾部方向撕开皮肤。↓

5. 皮肤切口会同时向两侧裂开，扩大，直至在背部汇合。完全断开时可听到"啪"一声皮肤断开的脆响。↓

6. 双手继续向两端撕皮肤，头端可以撕到双耳，前肢可以撕到肘部，后肢可以撕到踝部，尾端可以撕到离尾根部约 1 cm 处。↓

7. 进一步剥离皮肤方法，因不同操作目的而异。↓

8. 如果不希望直肠随着撕皮而脱出，需要撕皮前剪除肛门。↓

9. 阴茎包皮处可以随撕皮而撕脱，无须事先剪除。↓

10. 如果不希望雌鼠的子宫、阴道和直肠随撕皮时脱出，需要撕皮前剪除阴道口、尿道口和肛门的皮肤。

图 21.1 剥皮法

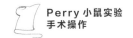

操作讨论

（1）剥皮时也可以在背部垂直中轴线处剪开皮肤，剥皮效果同从腹部剪开的效果。

（2）如果剪口没有严格垂直于中轴线，那么两侧的撕裂口不能在绕体一圈后汇合，会形成"单背带裤"样，一条缩窄的带状皮肤随皮肤撕开而延长。这条带状皮肤非常坚韧，很难用手撕断，必须用剪子剪断（图 21.2）。▶

（3）皮肤剪开时要避免伤及皮下的腹壁，所以需要将皮肤捏起来剪。

a. 剪口与中轴线不垂直。

b. 在腹面同样可以顺利撕开皮肤。

c. 但是在背面撕口不能合拢，形成"背带"。继续撕皮，只能使"背带"延长，不能撕断。

d. 最终还需要用剪子剪断"背带"。

图 21.2　剪口不垂直于中轴线的剥皮效果

第 22 章

撕尾

一、背景

由于小鼠体形小，组织结构相对脆弱，颈部脱臼、剥皮都成为可行的操作。撕尾是在剥皮后，拉尾部，使脊椎与躯干分离，暴露脊椎腹面的胸膜和腹膜。可在没有脊椎和背部肌肉遮蔽的状况下观察，或对胸腔和腹腔进行操作。

撕尾用于暴露小鼠尸体的背侧腹腔、胸腔和纵隔，以及坐骨神经等器官，是笔者研发的小鼠解剖中一个很实用的操作方法。本章详细介绍撕尾的操作方法。

二、解剖基础

小鼠脊柱和胸腔、腹腔之间为胸膜后间隙和腹膜后间隙，以筋膜组织为主。在这个间隙里可以发现腔静脉、主动脉、髂腰动静脉、髂淋巴结、尾淋巴结、纵隔淋巴结、脊神经等重要器官。

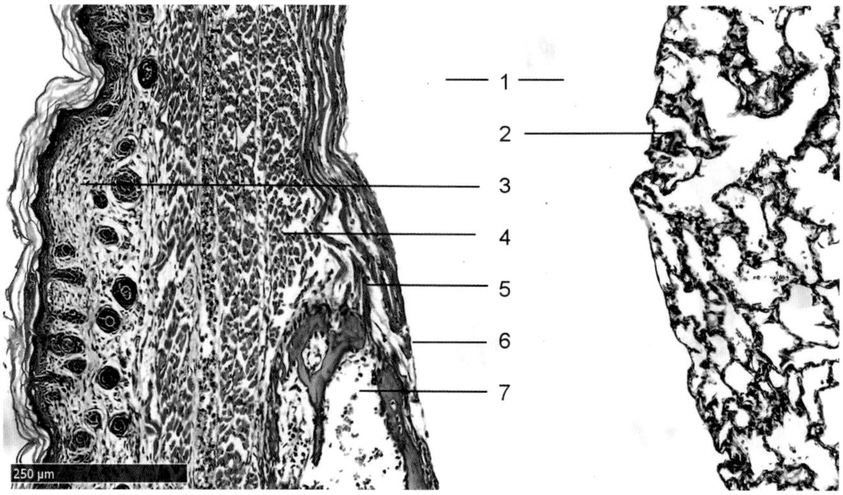

1.胸膜腔；2.肺；3.皮肤；4.胸肌；5.胸膜后间隙；6.胸膜；7.肋骨

图 22.1　新生小鼠胸部横切面组织切片，H-E 染色

Perry 小鼠实验
手术操作

三、器械与耗材

皮肤剪。

四、操作方法

撕尾法见图 22.2。▶

1. 将新鲜小鼠尸体浸水，打湿体毛。
↓

2. 剪除肛门皮肤（雌鼠剪除肛门、外阴、尿道口处的皮肤）。→

3. 从背部将皮肤横向剪开 1 cm。↓

4. 先向尾侧撕开皮肤。→

5. 快速将皮肤从踝部和尾根 1 cm 处撕断。↓

6. 再向上撕皮肤。→

7. 一直撕到头部。暴露耳根软骨。↓

8. 剪开右脊肋角腹壁。↓

9. 将皮肤剪的圆头探入胸腔，向头侧剪断所有肋
骨。→

10. 再剪开左脊肋角腹壁。↓

11. 同样方法剪断所有左肋。→

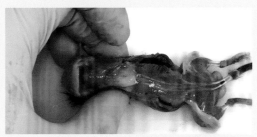

12. 图为两侧肋骨剪断后的状态。↓

13. 右手捏紧两后爪，左手捏紧鼠尾，向上方提
起。→

14. 将骶部肌肉撕裂后提尾向头侧牵拉，直至胸
椎处停止。↓

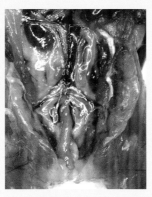

15. 此时腹膜背侧间隙暴
露，呈现完整的后腹膜。
→

16. 图为腹腔注射绿色染料后的腹腔背面，可区别腹腔内外脏器。能看到
腹主动脉、后腔静脉、左髂总动静脉、右髂总动静脉、直肠出腹腔的位置
以及两侧的坐骨神经。↓

17. 如需从背侧暴露胸腔，在继续撕尾之前，用剪子剪断横膈。→

18. 继续将尾向头侧牵拉，直至颈椎为止。↓

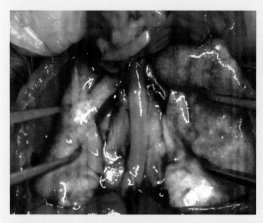

19. 此时腹腔和胸腔背侧间隙完全暴露，图中可见没有心脏遮蔽的肺和没有气管遮蔽的食管。→

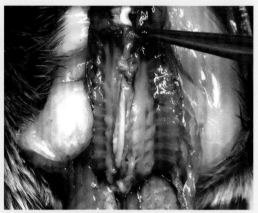

20. 图为掀起的胸部脊柱内面，可见胸主动脉和肋间动脉的起始部。

图 22.2　撕尾法

操作讨论

（1）从背面开胸，暴露胸腔，也可以采用撕头法 ⑯ 。

（2）撕尾可以方便地进行多种淋巴结采集（图 22.3）㉟ 。

（3）雄鼠尿道起始部（图 22.4）有众多管道进入，例如，精囊管、凝固腺管、输精管、前列腺管等多条管道，从背面暴露比腹面暴露更方便，更清晰可见。

图 22.3　没有腹腔脏器遮蔽的髂淋巴结和尾淋巴结。绿箭头示髂淋巴结，黑箭头示骶淋巴结

图 22.4　尿道起始部

手术基础：准备

第三篇

第 23 章

手颤的预防及显微手术准备

一、手颤的预防

手颤是操作者大忌，尤其是在显微手术中，手稳才能进行精细操作，才能做到眼 –脑 – 手的协调。术中出现手颤有术前原因，也有术中原因。

（一）产生手颤的术前原因和解决措施

（1）前一晚睡眠不好。操作者保证充足有效的睡眠，才能保证术中头脑清醒，精神集中。

（2）术前手臂肌肉过度疲劳，造成术中心有余而力不足，出现手失控的现象。所以48 小时内不做重体力动作，以保证双手在术中的稳定。

（3）咖啡因会影响神经末梢，导致手颤，尤其是有些人对咖啡因非常敏感。因此，术前 24 小时内不要饮用咖啡、浓茶等刺激神经末梢的饮品。

（4）情绪过分激动，如大喜大怒时，很难维持自己的呼吸平稳，这时双手在显微镜下容易颤抖且难以控制。因此，术前数小时内必须保持心情平稳。

（二）产生手颤的术中原因和解决措施

1. 过度疲劳

手术时间过长，导致过度疲劳，会出现手颤。因此，需要提前安排好手术计划，手术时间不宜超过 1 小时。

2. 缺乏良好的支撑

支撑在显微手术中是十分必要的，缺乏良好的支撑容易导致手颤。支撑包括以下几类。

（1）前臂支撑：术中要求双前臂平放在手术台上，以保证消除来自胳膊的颤抖。如果手术台不是专业的凹进型，没有放置前臂的台面，必须外加前臂支撑台。如果有前臂支撑处，但是低于手术平面，需要加垫。

（2）手腕支撑：手腕比前臂更加靠近手指，其支撑效果更明显。手腕有支撑，虽然限制了手的活动范围，但能使手指更稳定。手腕支撑主要在腕关节桡骨侧。

（3）手指支撑（图23.1）：这是最后的支撑，不是必需的。因为手腕支撑已经可以提供非常稳定的支撑，除非要求进一步的精细操作，才用手指支撑，当然，此时工作手指是拇指、食指和中指，支撑指为无名指和小指，手的活动范围将受到进一步限制。

（4）腰背支撑：在长时间手术中，需要腰背支撑。良好的腰背支撑，可以替前臂分担上半身前屈的压力。

（5）下肢支撑：两个90°（大腿和小腿大致呈90°。小腿和脚呈90°，脚完全平放在地面上）可以最有效地承担体重，把对体重的支撑尽可能地转移到座椅和地面。

（6）在没有任何支撑条件下开展手术时，可以采取自我支撑的方法。双上臂贴胸侧，双手无名指和小指左右对撑（图23.2），以保证操作器械时拇指和食指的稳定。

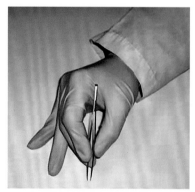
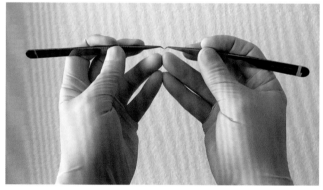

图 23.1　手指支撑　　　　　　图 23.2　自我支撑

3. 手术器械和设备使用不当

（1）镊子握持越靠近尖端越稳，但是太靠前，会影响术野（图23.3）。

（2）显微镜调整不良，造成术中肢体的疲劳。因此，术前必须调整好显微镜，例如，调整好显微镜目镜的俯仰角度和高度等。

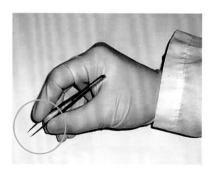

图 23.3　镊子握持太靠前，会影响术野

（三）手颤的个人因素和对策

尽管具备了以上所有术前、术中的措施，有人还是难以控制显微镜下的手颤。

（1）检查身体。如有甲状腺功能亢进一类的疾病，需要先治病，后工作。

（2）如果查不出任何器质性疾病，可以在专科医生的建议下，试用某些镇静药。

（3）服用镇静药还无效，要考虑暂时停止显微手术。

二、显微手术准备

提高显微手术的成功率，充足的准备非常必要。通常显微手术准备包括操作者、手术器材、手术环境以及实验动物的准备。

（一）操作者准备

（1）保持充足的睡眠，保证手术中头脑清醒。

（2）术前 48 小时内不做重体力动作，以保证双手在术中的稳定。

（3）24 小时内不饮用咖啡、浓茶等刺激神经末梢的饮品。

（4）保持术前以及术中数小时内心情平稳。

（5）术前勿大量饮水，并在术前排便。

（6）确认手术程序。

（二）手术器材准备

（1）调整显微镜：

① 调整显微镜目镜的俯仰角度；

② 调整显微镜目镜瞳距；

③ 调整显微镜目镜屈光度；

④ 调整显微镜焦平面；

⑤ 调整显微镜亮度；

⑥ 测试显微镜影像功能；

⑦ 调节显微镜光照颜色；

⑧ 测试显微镜图像缩放功能，保证其状态良好；

⑨ 测试显微镜脚控灵敏度；

⑩ 调整座椅高度，使操作者处于坐姿时大腿呈水平角度；

⑪ 双肘和腕有良好的支撑点，必要时安置臂垫。

（2）检查手术器械和材料，保证齐全、清洁、可用，且摆放位置正确。尽量将其放置

在伸手可及的范围内。

（3）检查麻醉、消毒药品及需要的所有试剂是否完备。

（三）手术环境准备

确定环境光线、噪声强度、温度适宜；手术衣物备齐；放置实验废弃物的容器摆放正确；确保与外界的联系畅通。

（四）实验动物准备

选择生理状态适宜的小鼠，并核实术前准备（包括术前给药、备皮等）。

手术基础：合

第四篇

第 24 章

缝合

一、背景

小鼠体形小，手术时常常需要显微缝合。显微缝合技术包括显微缝针的夹持、正反手缝合、拉线、打结、断线，以及皮肤切口的黏合和夹合。

做血管吻合必须用显微缝合技术。做一般的皮肤伤口缝合，建议也用显微缝合技术。因为小鼠皮肤非常薄，不用显微镜，很容易在伤口缝合时遗漏需处理的细节，例如，皮肤缝合后的边缘内翻卷等，此类细节用肉眼不容易发现。

从事小鼠手术的新手，建议先从体外缝合练习开始，体会显微手术的感觉，掌握与大体手术不同的操作原则。

二、体外练习缝合器械

显微打结镊；显微针持；显微尖镊；体视显微镜或手术显微镜；绣花绷子（图 24.1）；用于模拟皮肤的单层乳胶手套；10-0 显微缝针。显微缝针的种类有圆针、角针、扁针之分。本章以圆针为例。

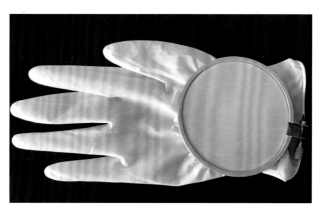

图 24.1　固定单层乳胶手套的绣花绷子

三、操作方法

（一）显微缝针的夹持

显微缝针分头、体、尾三个部分。头部尖锐，体部呈半圆形，尾部为圆柱体，后接缝线。显微缝针的夹持方法见图 24.2。

1.针持夹住针体部中间偏后的部分，针尖的弧面与针持垂直，以便于缝合。

↓

2.如果新针在针包里，打开包装，一般会发现新针别在纸板上。用针持可以直接夹住针，连同缝线一起带出来，避免用手或其他器械接触新针。

↓

3.如果不是在针包里的新针，需要先夹住缝线再夹针，详细操作如下。

↓

4.左手用尖镊夹住距离针 5 cm 左右的缝线。如果在显微镜下操作，在距离针 1 cm 处夹持缝线就可以了。

↓

  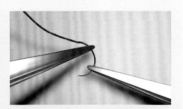

5.将缝线提起，使针悬吊起来，但是针尖还保持触及台面。→

6.稍摆动缝线，使针的弧圆向右，方便右手针持夹持。→

7.当用尖镊调整针持夹针方向时，有短时间的双器械夹针，此时千万注意要有松有紧。不可两个器械同时夹紧针，否则会使针变形。

图 24.2　显微缝针的夹持方法

（二）寻针

显微缝合时免不了要寻针。由于手术视野小，缝针经常在视野之外。为了保持脑 – 眼 – 手的配合，在手术过程中，需要保持显微镜视野，尽量避免经常在正常视野和显微镜视野之间转换。因此，除了习惯性地每次缝完一针，将缝针保留在视野内以外，还要掌握在显微镜下寻找视野外的缝针的方法，这有助于加快手术进程。

由于显微缝针很小，肉眼不易辨清；缝线较长，容易发现。所以可先找到缝线，然后左手持显微镊夹住缝线，带到显微镜视野下，具体操作见图 24.3。

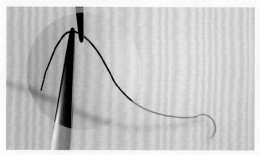 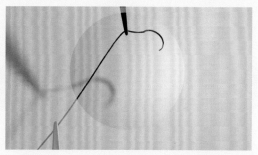

1. 右手将针持开小口，顶在台面上，将缝线控制在针持开口之中。→	2. 左手匀速牵拉缝线，使缝线从针持间通过，直至发现针。↓ 3. 用针持夹住针后面的缝线。↓ 4. 用尖镊夹住离针 1 cm 的缝线后，松开针持。↓ 5. 按照专业的持针方法持针。

图 24.3 寻针

（三）缝合操作练习：正手缝合（图 24.4）

1. 将绷子上的乳胶面划开数厘米长的直口，方向从左上到右下。↓
2. 左手持尖镊使之张口从下面托起切口右缘，与缝面呈 30°。↓

3. 右手用针持夹住针，针尖位于尖镊两臂之间，与缝面呈 90°。→	4. 依靠尖镊上托，缝针沿着自身弧度刺穿缝面。→	5. 将尖镊从左侧撤回，对齐右侧进针点，用两镊尖顶住缝面的上面，略向下压，使缝面呈斜面，此时针沿弧线运动，正好以 90° 从尖镊两臂中间由下向上刺入右侧缝面。要求两个进针点的连线与缝合边缘垂直。↓

6. 当针穿过左侧缝面一半时，尖镊改顶为夹，夹住针。→	7. 沿着针的弧线将其拔出缝面。→	8. 将针递给针持。针持夹紧针时，尖镊要迅速同时放开。不可两个器械同时夹紧针，以防将其扭转变形。↓

10. 打结。↓

11. 剪线头。10–0 和 11–0 缝线，可不用剪子剪线头，用镊子和针持"锉断"线头 6 。

9. 针持夹住针，将缝线拉过左侧，直至右边保留约 1 cm 线头。→

图 24.4　正手缝合

（四）缝合操作练习：反手缝合

反手缝合是必须掌握的血管吻合技术之一。若手术中不能随意改变小鼠的体位，需要使用反手缝合技术（图 24.5）。

1. 将绷子上的乳胶面划开数厘米长的直口，方向从右上到左下。↓

2. 左手持尖镊托起缝料右边缘。↓

3. 右边缘被顶起 60°，右手持针持，手腕由内向外翻，反向缝合。将针尖倾斜 30°。与缝料呈 90° 进针。↓

4. 其余操作步骤同正手缝合。

图 24.5　反手缝合

（五）缝合操作练习：血管缝合

相较于平面缝合基本技术，血管吻合术对进针角度有严格要求。在缝合时，需要用镊子制造出血管与进针的角度（图 24.6）。▶

1. 先用尖镊从内面挑起血管断端。→

2. 与血管壁呈 90° 进针。↓

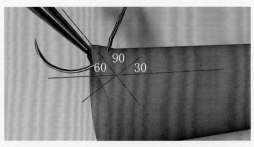

3. 针穿透血管后沿着针自身的弧度走行。→

4. 图示针穿过血管壁的轨迹和角度。图中标记的数字为进针角度。60 为尖镊托起的角度。90 为进针时，针尖与被托起的血管壁的角度。30 为进针时针头与未被托起的血管壁的夹角。进针时夹角见步骤 2。

图 24.6　血管缝合

操作讨论

缝合过程中，拉线操作的原则是对组织造成最小的损伤和干扰。在操作中注意以下五个要点：

（1）平：拉线水平方面要尽量与组织平面平行。

（2）直：拉线走行方向应与缝合边缘垂直。

（3）拐：若拉线过长，可以镊子或针持作为转向轴，使拉线能够垂直于缝合边缘穿过组织 ⑥ 。

（4）慢：拉线不可太快，以免过度损伤组织。

（5）停：线端剩余数厘米时，及时减速、停止拉线，以防拉过。

（6）顶：拉线时，显微尖镊或针持需要顶住血管壁出针部位，避免组织随拉线移位。牵引缝合时，用显微尖镊头部拉紧牵引线的同时，用其侧面顶住出针部位。

（7）压：缝过血管下方后拉线时，要用打结镊两臂将血管两侧的缝线向下轻压，以减轻拉线对血管的摩擦损伤。　．

（六）打结

可以用专门的显微打结镊，也可以用显微尖镊配合针持打结；显微尖镊可以先压线，也可以后压线；可以打 2 个结，也可以打 3 个结；可以绕 1 圈，也可以绕 2 圈，甚至 3 圈，

这些操作细节的选择取决于缝合组织的张力、缝线的特点和缝合时的特殊情况。打结的总体原则是：不可有滑扣、假扣和松扣；结不可过松和过紧；线头长短适宜。

1. 基本打结方法

基本打结方法有三种：针持法、镊子法和混合法。后两种方法与针持法类似，所以不在此详述，仅介绍针持法（以每扣单圈，打 3 扣的 1–1–1 式为例）（图 24.7）。▶

1. 第一扣：针持夹线从上向下缠绕镊子一圈。→

2. 以镊子夹持缝线短端向左。→

3. 将针持向右同时拉紧缝线完成第一扣。↓

4. 为防止因张力松扣，镊子保持拉力，同时逆时针水平旋转150°，将扣锁住。→

5. 此时松开镊子，扣不会张开。→

6. 第二扣：针持夹线从上向下缠绕镊子 1 圈。↓

7. 用镊子夹住缝线短端。→

8. 将镊子向右，针持向左拉紧缝线。→

9. 第三扣操作方法同第一扣。↓

三个扣的松紧要求：第一扣略松，能使两侧组织对合即可；第二扣拉紧，使两侧组织略挤在一起；第三扣最紧，不容松解。

图 24.7　打结：针持法

2. 单手打结

由于小鼠手术操作技术基本承袭临床技术，而临床手术操作技术都建立在团队合作基础上，但小鼠手术多为单人操作，因此，一些操作技术在小鼠手术会遇到困难。例如，打结操作，尤其是在结扎血管，当另一只手无法配合时，就成为困难的事。因此，掌握单手打结的操作很重要。

单手打结时，双手完成第一步预置结，先不系紧。需要时做第二步拉紧。一只手拉紧线头就可以系紧预置结。单手结操作见图24.8，图中长线头部分为黑色，短线头部分为蓝色。

1. 将短线头置于血管上，长线头置于血管下。→

2. 将长线头压在短线头上。→

3. 将短线头远端压在近端上。↓

4. 将短线头远端回折从线下插入套环中，自身形成预置结。→

5. 拉紧长线头，结即打好。→

6. 解开绳结时，只牵拉短线头即可。↓

7. 完全拉开后活结解开。

图24.8　打结：单手打结

操作讨论

在打结要注意以下问题：

（1）打结后发现打结位置错误，或者打结后发现新问题，需要松开结扣解决问题。这时，可以用镊子夹住一个线头向一个方向轻轻抖动，有可能松开结扣。

（2）滑扣是两个线头没有交错拉紧，打结中一直向一个方向拉线，最后两条线中一条为直线，另一条线绕着直线形成扣。滑扣一拉即松扣。

（3）每次缝线都是从一个方向缠绕镊子，这样形成的是假扣，易松动。

（4）小鼠手术打结时，忌讳向上拉紧缝线，这样极容易将组织撕脱。

（七）断线

常用的打结后断线方法是用剪子剪断线头，还有用针持和显微镊断线。

1.用剪子断线

（1）打结完毕，左手持显微镊保持夹持短线头状态，线头向左 45° 牵拉，缝线被拉直，但是结扣不要被拉起来。

（2）剪口平面贴紧线结，向左侧倾斜 45°，剪断线头。这样保留的线头长 2 mm。

（3）同法剪断长线头。

2.用针持和显微镊断线

用 10-0 或 11-0 缝线时，由于缝线很细，完全可以用针持和镊子"锉断"线头 ⑥，不但快捷而且容易掌握线头长度。这应成为显微缝合断线的常规方法。

第 25 章

黏合

一、背景

随着新型手术材料的不断研发，组织胶水已有多种产品上市，其稀释程度、黏合力各有不同，使用场合也不同。

小鼠体形小，缝合带来的机体损伤相对较大，使用组织胶水封闭皮肤切口不失为一个好方法。由于没有金属夹子和缝线的影响，便于制作血管造影等术后影像，但是含有荧光素的组织胶水不适用于荧光影像。在行表浅静脉插管时，用组织胶水封闭血管插管处，然后封闭局部皮肤切口，不但手术损伤小，而且连同插管一起固定，方便快捷，实为此类手术封闭伤口之首选方法。本章以此为例，讨论组织胶水的用法。

二、器械与耗材

显微镊；组织胶水；牙签。

三、操作方法

皮肤切口组织胶水黏合法见图 25.1。

1. 小鼠常规麻醉。

↓

2. 颈外静脉顺向插管术完成 70，用一滴胶水封闭静脉穿孔处，同时固定插管和周围组织。→

3. 用棉签清理皮肤切口表面液体。→

4. 将一滴胶水滴在牙签上。注意不要在切口上方操作，避免胶水无意间滴落。↓

5. 用牙签将胶水点在皮肤切口前端一侧。→

6. 第二滴点在皮肤切口中部内侧。→

7. 第三滴点在皮肤切口后端内侧。↓

8. 距切口 3 mm 处，用两把镊子顶住切口前部两侧向中间推挤。→

9. 推挤过程中，注意使胶水黏合前部皮肤切口两侧的内面，避免皮肤内卷黏合。→

10. 再如法推挤，黏合皮肤切口的中部和后部。↓

11. 整理黏合的皮肤，完成手术。

图 25.1　皮肤切口组织胶水黏合法

操作讨论

（1）黏合前一定要清理皮肤切口，勿有任何液体残留，否则影响组织胶水的黏合效果。

（2）组织胶水点在皮肤切口内侧，用显微镊挤压后，会充满切口内侧。注意，勿使胶水粘到皮肤表面。

（3）一般黏合牢固至少需要 1 分钟。

（4）需要重新开放皮肤切口时，可以用显微镊强力拉开，不会损伤皮肤。

（5）再度黏合前，需要清除陈旧的胶水硬痂，这并不困难。

（6）不要将组织胶水直接挤到皮肤切口上，以免剂量失控。

第 26 章
夹合

一、背景

随着临床手术皮肤夹的出现，小型皮肤夹也普遍用于实验小鼠手术中。其优点是快捷可靠，方便安装和拆除；缺点是做术后影像时，会留下强烈的干扰。

有些小鼠手术需要迅速闭合伤口，又需要短期内再次打开，例如，安置渗透泵或固定插管时，用皮肤夹很方便。尤其是在背部用皮肤夹，术后不影响小鼠活动，而且小鼠的牙齿和爪子都够不到皮肤夹。

二、器械与耗材

皮肤夹安装器（图 26.1）；皮肤齿镊。

三、操作过程:

图 26.1 皮肤夹安装器

以腹部皮肤切口为例介绍皮肤夹的使用方法（图 26.2）。

1. 小鼠常规麻醉，局部备皮。

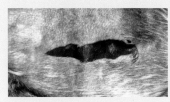

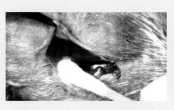

2. 沿腹中线切开。→

3. 用齿镊夹住皮肤切口边缘上提，同时以棉签向下压迫腹壁，使皮肤和腹壁之间分离3 mm。→

4. 同样方法分离另一侧皮肤与腹壁。↓

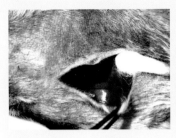

5. 从皮肤切口的一端分离到另一端。→

6. 用齿镊夹住两侧皮肤切口边缘（以下简称"皮缘"），拉起3 mm。→

7. 皮肤夹安装器口端插入皮缘两侧，使双侧皮缘进入安装器顶端3 mm，此时安装器顶端顶到未被分离的皮肤。↓

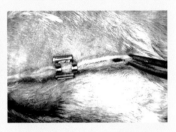

8. 垂直夹紧。→

9. 加紧后移开皮肤夹安装器。皮肤夹子已经夹住两侧皮缘。→

10. 间隔数毫米，夹起两侧皮缘。↓

11. 同样方法安装第二个皮肤夹。↓

13. 用显微镊整理皮缘，勿使其内卷。↓

14. 拆卸皮肤夹时有专用工具，但是一般的小剪子也很好用。→

12. 依次在皮肤切口上安装皮肤夹。皮肤夹间距如图所示。→

15. 将剪子两个尖头插入皮肤夹两端。↓

16. 用力张开剪口，即可撑开皮肤夹。→

17. 图示拆下的皮肤夹。

图 26.2　皮肤夹的使用方法

5

手术基础：断

第五篇

第 27 章

划开

一、背景

黏膜出血是指黏膜下血管破裂出血。用黏膜划开建立黏膜出血模型是测量小血管出凝血功能的方法之一，用黏膜部位可以避免大血管的损伤。狗等大动物的黏膜出血模型使用松大的口唇黏膜。小鼠的口唇黏膜小而紧，难以操作，可以舌腹面黏膜取代口唇黏膜，满足此类模型的要求。本章介绍舌黏膜划开的方法，有关舌黏膜的解剖以及舌黏膜暴露的方法还可参考丛书相关内容 ❽、⓵⓶。

二、解剖基础

小鼠舌背面和腹面黏膜结构不同，腹面没有味蕾，舌下静脉走行表浅，小静脉分布规则，可见密集的静脉网（图 27.1）。黏膜下可见的小静脉是舌下静脉分支（图 27.2），有数级。腹面黏膜厚度约为 $50\,\mu m$（图 27.3）。

图 27.1 静脉灌注后的左、右舌下静脉（红箭头所示）及其中间的静脉网（黄箭头所示）

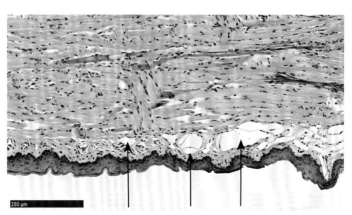

图 27.2 小鼠舌病理切片，H–E 染色。箭头示不同口径舌下静脉分支

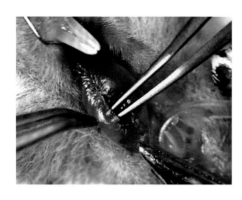

图 27.3　镊子从划开的舌腹面黏膜探入，显示极薄的黏膜

三、器械与耗材

　　显微镜；平镊；微血管夹；显微尖刀
（图 27.4），弯曲 90°，弯曲面刀刃向内划方
向；31 G 针头胰岛素注射器，针头向针孔
面弯曲 15°；开口器；生理盐水。

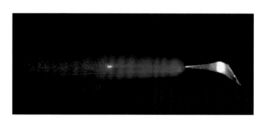

图 27.4　显微尖刀

四、操作方法

　　舌黏膜划开建立黏膜出血模型的方法见图 27.5。▶

1. 小鼠麻醉满意后，仰卧于开口器手术板上，暴露舌下静脉 ⑫ 。
↓

2. 安装开口器：头侧金属拉钩钩住上门齿，尾侧弹性拉钩钩住下门齿，将小鼠口张开。
↓

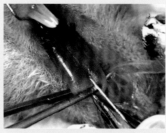

3. 拉出舌头，用微血管夹夹住舌尖，使其不能回缩口内。→

4. 用镊子夹住舌尖，将 31 G 针头的针孔向上，在距舌尖 3 mm 处、舌正中线附近刺入黏膜。→

5. 针头平行黏膜，于黏膜下潜行。一旦针孔完全进入舌黏膜下，即注入少量生理盐水，使黏膜下组织间积水，黏膜膨胀。↓

6. 针头在膨胀的黏膜下，紧贴黏膜内壁前行。↓

  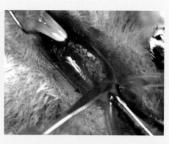

7. 针头前进到膨胀部分的最前端时，停止前进，再注入少量生理盐水，继续在膨胀区前行数毫米，到实验设计点停止。→

8. 右手保持注射器不移位，左手换显微尖刀，将刀尖刺过黏膜，顶进针孔。→

9. 保持注射器针头和刀尖的衔接，同时匀速向舌尖方向拉动，箭头示刀尖和针头动作方向。↓

 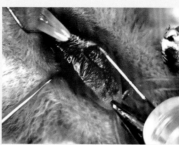 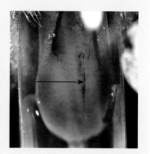

10. 直至针头退出舌头。→

11. 这样将黏膜切开。图示针尖挑起的黏膜切口。→

12. 切开后的黏膜下即开始出血。可以开始不同的实验测试。图为血流停止时的状态，箭头示黏膜切口。

图 27.5　舌黏膜划开建立黏膜出血模型

操作讨论

（1）在舌黏膜划开时出血量异常多（图 27.6）的原因：

① 切口位置偏斜，切断了较大的舌下静脉分支。

② 针头刺入过深，损伤纵深血管。

③ 进针位置靠近舌尖，损伤了舌尖内的小动脉血管。

④ 小鼠有凝血功能障碍。

（2）特别注意：只有保持针头紧贴黏膜下前行，才能保证黏膜下划开的精准深度。

图 27.6　划开的舌黏膜出现异常出血

第 28 章

咬切

一、背景

黏膜出血模型是观察细小血管病变的模型。由于小鼠舌黏膜腹面没有味蕾，可以作为研究黏膜下出血的目标组织。

二、解剖基础

小鼠舌腹面黏膜下有左、右舌下静脉（图 28.1），并有小血管密集分布（图 28.2）12 。

图 28.1　舌下静脉，如箭头所示

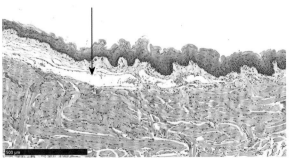

图 28.2　舌黏膜下小血管，如箭头所示

三、器械与耗材

（1）显微镜；31 G 针头胰岛素注射器；微型咬骨钳（图 28.3），口宽 0.5 mm；舌镊（图 28.4）；开口器；注射器泵。

（2）排液管（图 28.5）：颈部可弯曲的

图 28.3　微型咬骨钳

直径 5 mm 的薄壁塑料吸管，吸管可弯曲到颈部，两头各剪一个斜角，长端保留 3 cm，短端保留 2 cm。长端的斜角尾部去除 1/2，暴露吸管内壁。

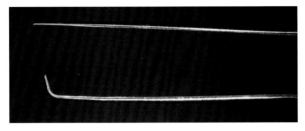

图 28.4　舌镊（自己改造，弯曲臂如图。前端套薄硅胶管以保护舌黏膜。使用时曲臂下压舌面，直臂置于排液管下方）

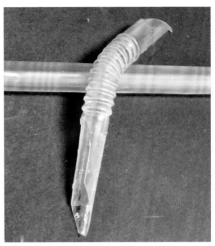

图 28.5　排液管

四、操作方法

舌黏膜咬切建立黏膜出血模型的方法见图 28.6。▶

1. 小鼠注射麻醉，取仰卧位，头向操作者。↓

2. 上开口器，拉开下颌，充分暴露舌头。↓

3. 用舌镊横向夹住舌尖，尽量将舌头拉出口外，将舌背面粘于排液管上。↓

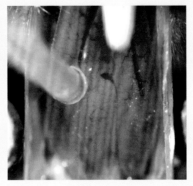

6. 定时终止冲洗，计算出血量，或测量凝血时间。↓

7. 终止实验，小鼠安乐死。

4. 用微型咬骨钳于选定的位置，咬切舌黏膜，可以选择距舌尖 5 mm 的正中位置。→

5. 设定注射器泵的生理盐水流速，使生理盐水于接近伤口处流出，清洗伤口，尽量不影响血栓形成的时间。→

图 28.6　舌黏膜咬切建立黏膜出血模型

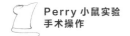
操作讨论

（1）咬切深度控制在黏膜层，过深会伤及深部血管，造成大量出血（图28.7）。

（2）咬切到舌下静脉主要分支亦会引发设计以外的出血，造成实验失败。

（3）咬切深度不同，引发出血的量不同（图28.8），所以舌黏膜咬切的位置和深度的精准性是技术关键。

 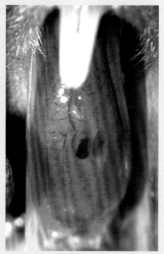

图 28.7　咬切过深导致大量出血　　图 28.8　不同咬切深度出血状态对比

第 29 章

皮肤切除

一、背景

小鼠部分皮肤切除，常用于制备皮肤伤口愈合、皮肤移植、皮窗等模型。

小鼠全身大部分皮肤都有皮肌衬托。皮肤切除通常是将表皮层、真皮层、真皮下层和皮肌层一起切除。如果做皮肤切除时保留皮肌层，则需要非常细心的操作。

使用切皮刀可以使被切下的皮肤边界整齐、面积规整、边缘垂直。由于切皮刀需要皮下有足够面积的牢固组织垫托，故常取臀部和后肢部位的皮肤用于皮肤切除。

本章将分别介绍常规皮肤切除法、切皮刀皮肤切除法和不包括皮肌的真皮剪除法。

二、解剖基础

小鼠全身皮肤结构和厚度不尽相同，有皮肌的部位皮肤较厚（图 29.1～图 29.4）。除

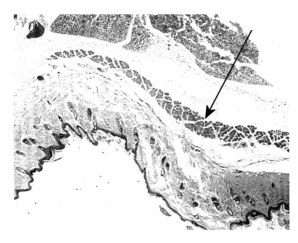
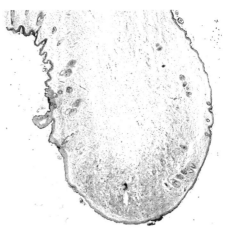

图 29.1　小鼠背部皮肤组织切片，H–E 染色。可见明显皮肌层，如箭头所示

图 29.2　耳廓远端皮肤组织切片，H–E 染色。显示没有皮肌层

了爪、尾等少部分皮肤下面没有皮肌之外，大多数皮肤真皮下层下都有一层皮肌，但是薄厚不均。例如，小鼠唇部真皮下的唇肌属于皮肌，较厚（图 29.5，图 29.6）。皮肌与其下躯体之间为浅筋膜层，有较大的血管走行其间（图 29.4），皮肤切除时要尽可能避开这些大血管。小鼠皮肤切除一般是切除皮肤全层，包括皮肌。㉑

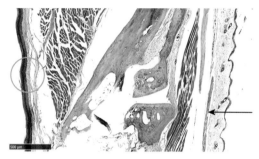

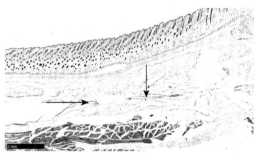

图 29.3　膝关节部位皮肤组织切片，H-E 染色。髌骨部位有皮肌（箭头所示），而腘窝部位没有皮肌（绿圈所示）

图 29.4　皮肤组织切片，H-E 染色。箭头示浅筋膜层的大血管

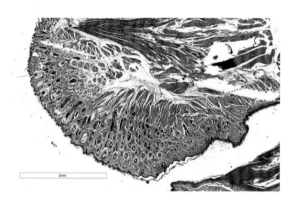

图 29.5　小鼠唇肌发达，皮肤较厚

图 29.6　小鼠唇部组织切片，H-E 染色。绿圈示唇肌（辛晓明供图）

三、器械与耗材

皮肤剪；皮肤镊；切皮刀（图 29.7）；显微尖剪（图 29.8）；棉签。

图 29.7　切皮刀。可以更换不同尺寸的切皮刀头　图 29.8　显微尖剪

四、操作方法

（一）常规皮肤切除法

小鼠为松皮动物，而且体形小，局部皮肤切除，多用提起剪除的方法。以颅骨手术中的头顶部皮肤切除为例介绍常规皮肤切除法（图 29.9）。▶

1. 小鼠常规麻醉，取俯卧位。→

2. 用棉签蘸水打湿头顶皮肤。以免剪皮时体毛散落。→

3. 用皮肤镊在双耳之间、向前 2 mm 处纵向夹起皮肤 1 cm。↓

4. 将皮肤剪开口下压。→

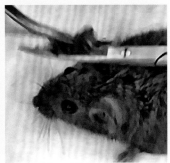

5. 贴颅骨剪下夹起的头皮。→

6. 头皮剪除后周边皮肤保持向中心聚拢状态。↓

7. 用湿棉签从前向后擦除后缘的断毛，此处的断毛最多。→

8. 从里向外擦除两侧的断毛。→

9. 头皮清理残毛后，暴露区显示真实的区域。

图 29.9　常规皮肤切除法

操作讨论

（1）用皮肤镊不可过高夹起头皮，否则会导致剪口过宽，损伤耳根部的耳后动脉，造成大量出血。

（2）剪刃需够长，才能一剪而就。

（3）棉签清除断毛的顺序是从前向后，从内向外。一旦反向，会导致断毛进入术区。

（二）切皮刀皮肤切除法

切皮刀一般配备一系列不同直径的刀头，在皮肤上形成圆形切口，切口直径一般 3～10 mm 不等。操作方法见图 29.10。

1. 小鼠常规麻醉，后臀备皮。
↓

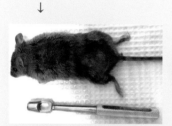

2. 选取设定尺寸的切皮刀。→

3. 于设定部位，环形刀口垂直压住皮肤，左右旋转数次，注意务必切断皮肤全层。↓
4. 用皮肤镊将切断的皮肤撕下。皮下组织很容易被撕断。→

5. 一旦有少许皮肤未能完全切断，可以用剪子剪断。

图 29.10　切皮刀皮肤切除法

操作讨论

（1）用切皮刀时只要不是过分强烈地压迫旋转，一般不会伤到臀部肌肉。

（2）旋转切割时，另一只手可以帮助固定周围皮肤，避免皮肤随刀片旋转。

（三）真皮剪除法（保留皮肌）

以左上唇为例介绍真皮剪除法（图 29.11）。▶

1. 将小鼠常规麻醉或采用新鲜尸体，取右侧卧位。→

2. 用显微尖剪剪开上唇后缘皮肤达真皮下层。→

3. 紧贴真皮下层用显微尖剪做钝性分离。↓

4. 分离到前缘时，剪尖穿透皮肤。→

5. 剪断皮肤背侧缘。→

6. 再剪断皮肤腹侧缘。↓

7. 最后切除这块方形皮肤。→

8. 切除真皮后，暴露唇肌。

图 29.11　真皮剪除法

操作讨论

完美的真皮切除（图 29.12）是在切下的真皮内面看不到肌肉，在皮肌表面没有真皮残留。

图 29.12　完美的真皮切除

第 30 章
肝切除

一、背景

　　肝血液丰富，组织十分脆弱，容易发生创伤性出血。肝部分切除可用于建立出血模型或非出血模型。前者需要做精准的肝部分切除，后者需要在手术中尽量避免出血。在本章中将讨论两种方法：建立出血模型的肝部分精准切除法和避免出血的肝部分切除法。

二、解剖基础

　　肝内有非常丰富的血液（图 30.1，图 30.2）。肝的血液来自肝动脉和门静脉，由肝静脉流出回心。

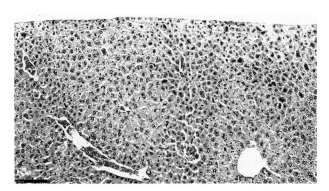

图 30.1　肝组织切片，H–E 染色。示肝内的大、小血管

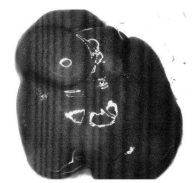

图 30.2　肝染料灌注照。示肝血管和血窦

三、器械与耗材

眼科巩膜咬切器（图 30.3），口宽 1.5 mm；单极电烧烙器（图 30.4）；吸血滤纸；石蜡膜；生理盐水。

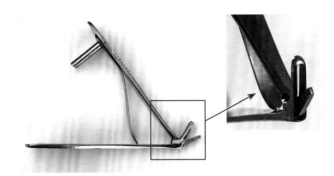

图 30.3　巩膜咬切器

图 30.4　单极电烧烙器

四、操作方法

（一）建立出血模型的肝部分精准切除法

利用建立出血模型的肝部分精准切除法可以精准咬切部分肝组织，具体操作见图 30.5。

1. 小鼠常规麻醉，腹部备皮。
↓

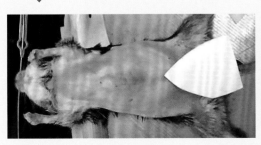

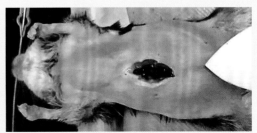

2. 仰卧安置于手术板上，腰背部垫高。备吸血滤纸。→

3. 常规开腹 1 cm ⑰ 。↓

4. 将指定的一叶肝拉出腹外，用生理盐水润湿的纸巾覆盖暴露于体外的肝上，下垫石蜡膜。↓

5. 用巩膜咬切器于此肝叶正中边缘进深 2 mm。→

6. 下口托住肝下部，上口向下咬切。→

7. 每只小鼠咬切的部位和大小必须相同。↓

8. 至于用于测量出血量还是凝血时间，依照实验设计而定。↓

9. 如果是终末实验，术后小鼠行安乐死；如果是存活实验，需要确认肝损伤已经获得有效止血。

图 30.5　建立出血模型的肝部分精准切除法

操作讨论

术中精确控制小鼠体温，是出凝血实验的重要环节。

（二）避免出血的肝部分切除法

电烧切除部分肝是避免出血的肝部分切除法中的常用技术，具体操作见图 30.6。▶

1. 暴露肝的操作步骤同"建立出血模型的肝部分精准切除法"。→

2. 用烧烙器在设定的肝叶位置浅烧出横线，作为烧烙切除线。如图中白色横线。→

3. 再重复深烧至肝叶厚度的 1/2。↓

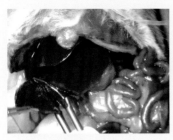

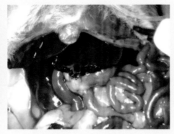

4. 逐渐从一侧烧向另一侧。→

5. 最终将肝叶全部烧断。↓

6. 全程没有任何出血。

图 30.6　避免出血的肝部分切除法

第 31 章
线勒

一、背景

　　肾部分切除是手术建立高血压模型的方法之一。简单地用手术刀切除或剪子剪除部分肾组织，会导致大出血。用手术缝线将肾勒断，出血量虽然少于简单切除，但也会有不少出血。根据肾的解剖结构，利用肾浆膜和纤维膜，采取纤维膜下注射技术，做肾纤维膜下松解术结合线勒手术，以肾外膜包裹切除的断面，可大大减少肾部分切除术中的出血。图 31.1 为肾线勒手术示意。

图 31.1　肾线勒手术示意

二、解剖基础

　　肾包膜下有部分脂肪，主要分布在肾门处。紧贴肾皮质还有一层较致密的纤维膜（图 31.2）。63

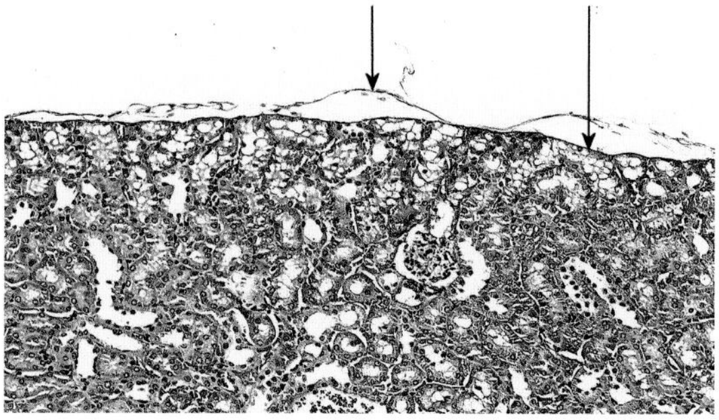

图 31.2　肾组织切片，H–E 染色。左箭头示肾包膜，右箭头示肾纤维膜

三、器械与耗材

　　显微剪；显微尖镊；打结镊；31 G 针头胰岛素注射器；7-0 聚乙烯显微缝线；棉签；生理盐水。

四、操作方法

肾线勒部分切除法见图 31.3。▶

1. 小鼠常规麻醉，腹部备皮。
↓

2. 将小鼠仰卧于手术板上，垫高腰部。
↓

3. 开腹 17 ，暴露左肾。
↓

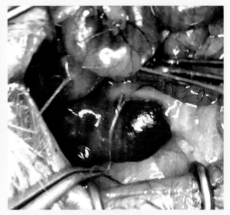

4. 图中左为头侧。备缝线于肾表面。将显微尖镊于肾下 1/3 处穿过，夹住肾表面的缝线后，尖镊回缩，以使缝线环绕肾。→

5. 缝线环绕肾表面结双扣轻勒。↓

6. 用棉签顶住肾前部，针头位于肾后部。
→

7. 将注射器自肾后极纤维膜下水平刺入 1 mm，缓慢注入生理盐水。↓

 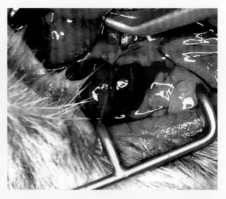

8. 再将针头从对向刺入，注射生理盐水
并使之遍及肾纤维膜下，环绕后 1/3 面
积。→

9. 开始勒紧缝线，使之深入肾组织中，
但是不要勒断肾包膜和纤维膜。↓

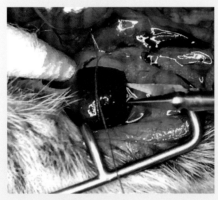 

10. 用显微剪在肾后极部纵向剪开肾包膜
和纤维膜。→

11. 用打结镊轻轻压迫缝线远端的肾组
织，使之逐渐从远端的包膜 – 纤维膜切
口挤出。↓

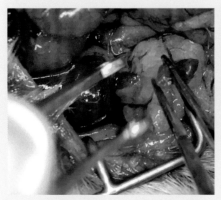 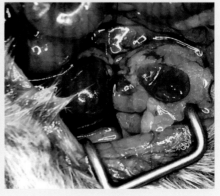

12. 继续勒紧缝线，直至将肾完全勒断，
打死结。→

13. 用显微尖镊将被完全勒断的远端的肾
从包膜切口夹出。↓

14. 剪断结扎线后端游离的肾包膜。

↓

15. 清理手术区域。

↓

16. 常规缝合腹壁和皮肤切口。

↓

17. 小鼠苏醒，回笼，常规术后护理。

图 31.3　肾线勒部分切除法

操作讨论

（1）轻度勒紧肾，然后在肾纤维膜下注射生理盐水，可以首先松解肾的后 1/3 部分与纤维膜。

（2）纵向剪开肾远端的包膜和纤维膜，目的是使被勒断的肾可以由此被挤出肾膜囊。

（3）缝线虽然要将肾勒断，但是要保留肾包膜和纤维膜，利用其控制肾出血（图 31.3）。

a. 术前的肾　　　　　　b. 缝线勒断部分肾　　　　c. 勒断后结扎肾包膜和纤维膜。保
　　　　　　　　　　　　　　　　　　　　　　　　　　留少许肾包膜和纤维膜

图 31.4　线勒原理示意

（4）肾一次切除不要超过 1/3，以免损伤肾门。
图 31.5 为手术完成后的肾的状态。

图 31.5　手术完成后的肾的状态

第 32 章
电切

一、背景

输精管结扎是临床常见的手术。雌鼠假孕时，需要将雄鼠的输精管结扎起来。为了做到万无一失，将双侧输精管切断更为保险。本章介绍双侧输精管电烧切断法。

二、解剖基础

雄鼠输精管为一个管状结构，其中有大量精子（图 32.1）。输精管前接附睾，后接尿道。附睾和睾丸常缩于体腔内。切开腹腔，可以清楚地暴露输精管（图 32.2）。

为了降低对小鼠的损伤，简化手术，可将睾丸和附睾压迫至阴囊内，由此，部分输精管也降到阴囊内，这样可以不必开腹，只要做切开阴囊的小手术就可以暴露并切断双侧输精管。

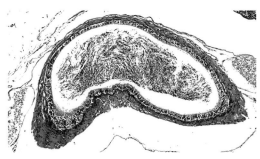
a. 输精管中可见大量精子

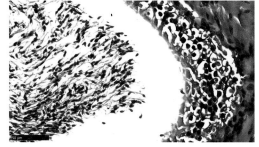
b. 高倍镜下输精管内的精子

图 32.1　雄鼠输精管组织切片，H–E 染色。可见其中有大量精子

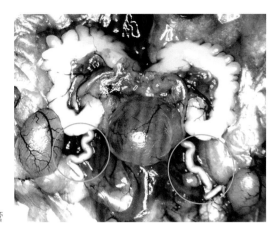

图 32.2　雄鼠腹腔解剖照。绿圈示输精管

三、器械与耗材

双极电烧烙器（图 32.3）；22 G 显微钩（图 32.4）；剪子；显微尖镊。

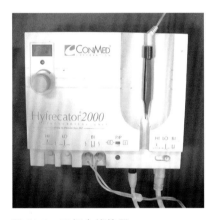

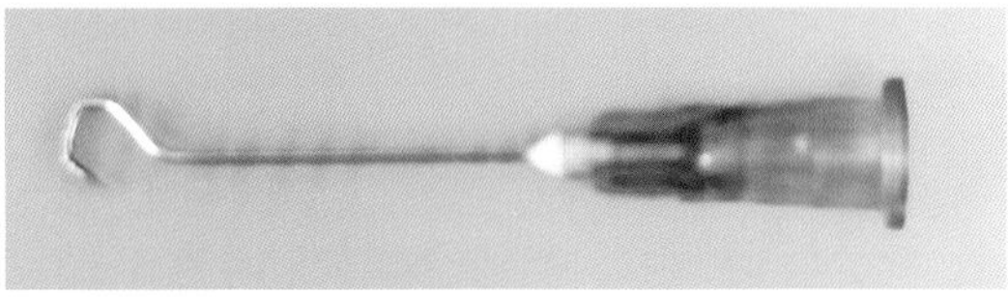

图 32.4　22 G 显微钩

图 32.3　双极电烧烙器

四、操作方法

双侧输精管电烧切断法见图 32.5。▶

1. 小鼠常规麻醉。
↓
2. 将阴茎下方的阴囊小心备皮，备份面积应大于 1 cm²。
↓

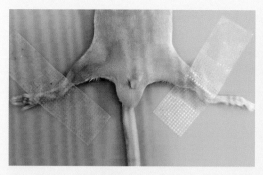

3. 小鼠仰卧，将两后肢分开、固定。
→

4. 如果睾丸不在阴囊内，在剑突下向尾端轻轻挤压，令睾丸降入阴囊。↓

5. 腹壁用弹力带保持轻度压迫，以使睾丸在术中不回缩体腔内。↓

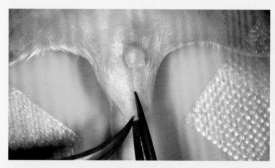

6. 术区消毒。自阴茎根部下方，从中间将阴囊皮肤纵向剪开 1 cm。→

7. 暴露提睾肌外筋膜。↓

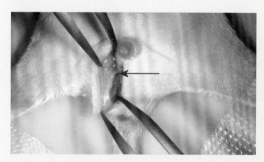

8. 用尖镊撕开提睾肌外筋膜。箭头示外筋膜。→

9. 进一步分离其下筋膜组织，暴露阴茎。箭头示阴茎。↓

10. 向左侧寻找，暴露白色的左输精管。箭头示输精管。→

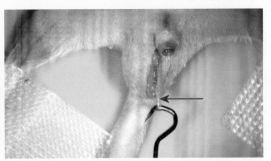

11. 用显微钩从结缔组织中勾出输精管。箭头示输精管。↓

12. 用尖镊挑起输精管，撤出显微钩。→

13. 用烧烙器低能量轻轻拂过输精管表面数次，令其表面干燥。↓

14. 继续用烧烙器快速点夹输精管数次，令0.5 mm长的输精管干瘪。→

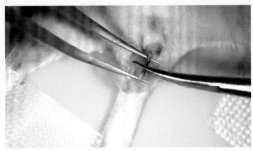

15. 继续用烧烙器加力夹持输精管数次，每次1秒，令其局部由干瘪至焦黄。↓

17. 此时可见输精管完全分离。

↓

18. 同样方法处理右输精管。

↓

19. 关闭皮肤切口, 待小鼠苏醒, 返笼。

16. 于焦黄处剪断输精管。→

图 32.5　双侧输精管电烧切断法

操作讨论

（1）输精管阻断的目的是阻止精子排出体外, 一般不会要求再疏通, 所以不做输精管结扎, 而做烧烙、剪断。

（2）双侧输精管结扎, 从一个阴囊中间开口就可以了, 不必在左、右两侧分别开口。

（3）后腹壁压迫, 不但不能使睾丸降入阴囊, 往往还适得其反。从前腹部轻轻挤压, 睾丸会顺利堕入阴囊。

（4）术前在阴囊 1 cm^2 区域须小心备皮。此处皮肤游离性极大, 容易被电动剃毛器划伤。为了保证阴囊皮肤不被划伤, 可以用脱毛剂。

第 33 章

切断

一、背景

坐骨神经损伤或切断模型往往需要以对侧为对照。鉴于小鼠背部皮肤有移行性大的特点，从正中做皮肤切口，可以做两侧坐骨神经暴露手术。节省一个切口，可减少组织损伤，同时简化手术过程，还可以避免坐骨神经表皮手术瘢痕对影像的影响。本章介绍用中央切口切断单侧坐骨神经的过程。

二、解剖基础

坐骨神经（图 33.1）在身体两侧各一，汇集来自腰椎的神经。坐骨神经于股骨大转子处沿股骨转弯后平行股骨走行于股骨后间隙。若活体暴露坐骨神经，可从股二头肌前缘划开，暴露股骨后间隙，即可看到坐骨神经（图 33.2）。坐骨神经转过股骨近端，沿股骨干向远端走行（图 33.3）。

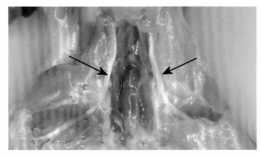

图 33.1　小鼠去皮俯卧，去除骶椎，箭头示左、右坐骨神经

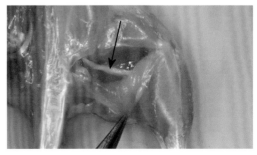

图 33.2　划开股二头肌，可见坐骨神经，如箭头所示

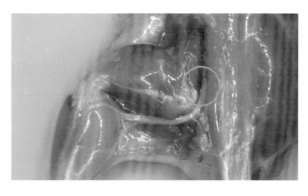

图 33.3 坐骨神经切断术切断部位，如绿圈所示

三、器械与耗材

电烧烙器；显微剪；拉钩；尖镊；组织胶水。

四、操作方法

以右后肢为例介绍坐骨神经切断法（图 33.4）。▶

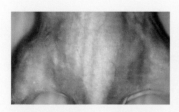

1.小鼠满意麻醉后，术区备皮。取俯卧位。↓

2.沿骶骨正中线，自腰骶关节向后将皮肤剪开 1 cm。→

3. 用拉钩向右侧拉开皮肤。→

4. 观察到臀下动脉皮支由臀上肌和半膜肌之间钻出，进入皮肌。↓

5. 用烧烙器烧断此血管。→

6. 用两把镊子划开右侧股二头肌和臀上肌分界处的筋膜，进而分离此二肌肉。→

7. 暴露其下面的坐骨神经，箭头示坐骨神经。↓

  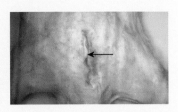

8. 用镊子挑起坐骨神经，以剪子于神经弯曲处一剪两断，截取 1 mm 神经。→

9. 检查确认坐骨神经两断端远离，可以确保术后神经不可能连接再通。↓

12. 用组织胶水封闭皮肤切口，箭头示封闭切口。↓

10. 如果需要做健侧对照，拉钩换至左侧，以同样方法暴露坐骨神经。↓

11. 无须切断，即行皮肤切口关闭。→

13. 小鼠苏醒后即可见术后效果。右后肢瘫痪，小鼠靠双前肢和左后肢爬行。右后爪呈爪心向上位。

图 33.4　坐骨神经切断法

操作讨论

（1）损伤模型要做两侧对照，所以从正中线切开皮肤，方便暴露两侧坐骨神经。

（2）要避免神经切断后再度自动连接修复，必须剪除一段神经，而不能单纯剪断。镊子挑起坐骨神经，在弯曲部位一剪两断，镊子上留下 1 mm 长的神经。

第 34 章
断尾

一、背景

　　小鼠断尾操作常见于组织采集、血液采集实验，这类实验用剪子剪下一截尾尖即可。在出凝血模型中，尾端切割方法要求严苛，不同的切割方法，切割不同的位置必然导致不同的结果。因此，选择最佳方案和设备，是高质量完成模型的前提。本章介绍高质量的切割方法和小鼠尾端切割器的设计与使用。

二、解剖基础

　　小鼠尾中动静脉、尾侧动静脉、尾横动静脉和尾背动静脉分布尚规律（图 34.1）。尾尖处血管趋于细小，在近尾尖 2 mm 的尖端部分，尾动静脉变异很大，尾侧动脉明显增粗，甚至超过了尾侧静脉。动静脉比例与尾中段明显不同。图 34.2 箭头示尾末端 2 mm 处的尾侧动脉。在距尾末端 3 mm 以上，则血管形态一般比较规律。故为了尽可能少切尾端，又需要结果稳定，多在距尾端 3 mm 处切尾。

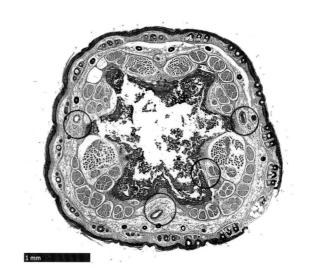

图 34.1　小鼠尾部截面组织切片，H–E 染色。红圈示尾中动静脉，蓝圈示尾侧动静脉，绿圈示尾背动静脉，黑圈示尾横动静脉

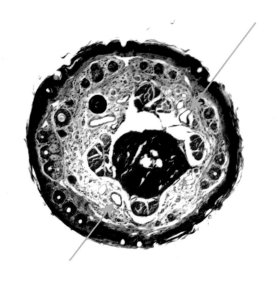

图 34.2　小鼠尾尖部截面组织切片，H-E
染色。箭头示两侧尾侧动脉直径大于尾
侧静脉

三、器械与耗材

（1）尾端切割器（图 34.3）：尾端切割器主要由滑槽、尾洞和挡板组成。当挡板调节
到 3 mm 时，尾尖插入尾洞抵到挡板，刀片从滑道内划过，能准确地切下 3 mm 长的尾尖。

（2）其他器械：尖镊；21 号弧形刀片（图 34.4）。

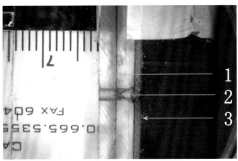

a. 尾端切割器全貌

b. 俯瞰尾端切割器中央部位

1. 滑道；2. 尾洞；3. 挡板

图 34.3　尾端切割器

图 34.4　21 号弧形刀片

四、操作方法

尾端切割器断尾法见图 34.5。▶

1. 实验设计在小鼠尾端 3 mm 处划断。
↓
2. 小鼠无须麻醉，放入控制器中，露出鼠尾。
↓

3. 将鼠尾远端由内侧板尾洞插入，尾端抵到挡板。→

4. 用刀片在夹板的滑道中滑过，以斜面原理在 3 mm 处划断鼠尾。→

5. 用尖镊将断掉的尾端从开放的外侧夹板孔洞中取出。

图 34.5 尾端切割器断尾法

操作讨论

（1）简单地横断尾端，有时会出现无血的异常现象。其原因在于，简单地用刀片垂直下切尾端，会使尾部横截面被压扁，血管断端同时被压扁、回缩。尾端血压低，低压状态下的血流有可能被压扁的血管阻断，无法流出。

将鼠尾置于尾洞中划断，刀片以弧形划过鼠尾，消除了垂直下压的作用，可以避免断端被压扁。

（2）调节挡板，当鼠尾抵到挡板时，可以准确设定尾端的切割长度。

手术基础：插

第六篇

第 35 章

前房插管

一、背景

前房插管可以比前房注射更准确地控制眼压，在青光眼模型中颇为实用。

二、解剖基础

小鼠眼前房极浅，做角膜穿刺时容易损伤虹膜，引发前房出血（图 35.1）；也容易损伤角膜内皮，造成角膜混浊（图 35.2）。⑫

小鼠眼球极小，只要注入少许液体，即可见前房加深（图 35.3），引起眼压升高。当插入的插管拔出时，容易有液体随插管外溢，引起眼压降低，前房变浅。过低的眼压可以引发视网膜脱离。

图 35.1 虹膜损伤引起前房出血，如箭头所示　图 35.2 角膜内皮受损，导致角膜混浊　图 35.3 注入液体导致前房加深

三、器械与耗材

显微穿刺尖刀（图 35.4）；31 G 针头胰岛素注射器；25 μL 微量注射器；微插管（图

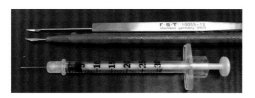

图 35.4 显微穿刺尖刀

35.5），外径 0.4 mm，内径 0.2 mm；眼球固定环（图 35.6），由镊子套硅胶管制成；管镊；棉签；生理盐水；抗生素眼药膏；眼科用局部麻醉药。

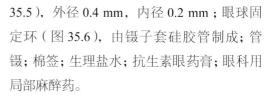

图 35.5 微插管

图 35.6 眼球固定环

四、操作方法

以左眼为例介绍前房插管术（图 35.7）。

1. 小鼠常规麻醉，剪除触须和颊毛。
↓

2. 取右侧卧，左眼点局部麻醉药。
↓

3. 将 25 μL 微量注射器与微插管连接，吸入药物备用。
↓

4. 用眼球固定环固定眼球。
↓

5. 将 31 G 针头针孔向下，沿角膜缘内 0.5 mm 处刺入前房，旋即拔出。→

6. 用显微穿刺尖刀于角膜穿孔处，向瞳孔中心方向水平刺入。箭头示角膜缘。→

7. 当刀尖刺穿角膜，随即拔出，避免房水流出。↓

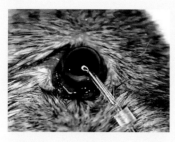  

8. 用管镊夹住微插管的标志箍，微插管尖端斜面向下，沿着穿孔刺入。斜面完全进入前房，即放开管镊。角膜切口可以很稳定地夹住插管。↓

9. 开始灌注前房，按照实验设计，维持前房深度和时间。→

10. 结束时，用生理盐水润湿的棉签压住角膜穿孔处。→

11. 快速拔出插管。↓

12. 立即将眼药膏涂于角膜上。↓

13. 保温苏醒，返笼。↓

14. 第二天再涂一次眼药膏。

图 35.7 前房插管术

操作讨论

（1）插管过粗，角膜损伤严重；插管过细、过软，难以插入前房。所以最好选用外径 0.4 mm，内径 0.2 mm 的较硬的微型 PE 管制微插管。

（2）安全的角膜穿孔是关键技术之一。角膜穿孔角度避免过大，以免刺伤虹膜。

（3）用针头做角膜穿孔，针孔要向下，以避免刺伤虹膜，但是可能对中央角膜内皮造成损伤，所以，针尖刺穿角膜即拔针。

（4）拔微插管后保持正常前房深度是关键技术之二。拔管时常有部分液体随插管溢出，所以拔管前稍微多灌注一点，加深前房，以保证拔出插管后前房能恢复到正常深度。

（5）如果拔针后前房仍然过深，可以轻压迫角膜切口，放出适量房水，调整前房深度。

图 35.8 注入空气的前房

图 35.9 小鼠触须和颊毛

（6）若前房注入空气，导致前房过深（图 35.8）。可以用微量注射器经角膜切口进入前房，抽出适量空气，调整前房深度。

（7）剪除触须和颊毛（图 35.9）。生于唇部两侧的触须和颊部的颊毛虽仅有数根，但影响操作，须术前剪除。

第 36 章
气管切开插管

一、背景

气管插管常用两种方法：经口气管插管法和气管切开插管法。经口气管插管对小鼠损伤小；气管切开插管常用于手术中接呼吸机时或小鼠术后存活需要保留插管时。

二、解剖基础

由于小鼠体形小，为了争取更大的插入距离，气管插管部位常选择在甲状软骨下。小鼠处于仰卧位时，此部位逐层深入的主要解剖结构为：皮肤、颌下腺、胸骨舌骨肌和胸骨甲状肌（图 36.1～图 36.5）。

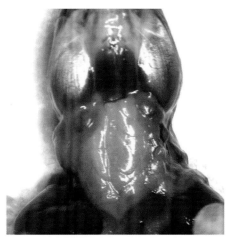

图 36.1 仰卧位去皮后的颈部，颈部肌肉和气管为颌下腺所覆盖

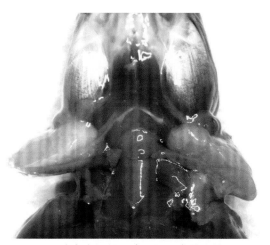

图 36.2 分离旁置颌下腺，暴露胸骨舌骨肌

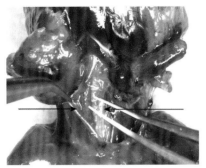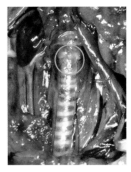

图 36.3　左胸骨舌骨肌向下翻开，暴露后面的胸骨甲状肌。左箭头示胸骨舌骨肌，被镊子夹起；右箭头示胸骨甲状肌，镊子从其下方插入。此肌肉在做高位气管插管时可以不触动

图 36.4　胸骨舌骨肌深面是气管。甲状软骨和舌骨之间还有一小片甲状舌骨肌，如绿圈所示。气管插管时无须触动此肌肉

图 36.5　暴露后的气管，绿圈示高位插管处

三、器械与耗材

PE 20 管，长 7 mm，前端斜面为 45° 角；拉钩；显微尖镊；皮肤剪。

四、操作方法

气管切开插管法见图 36.6。▶

1. 小鼠常规注射麻醉。
↓

2. 颈前部备皮。
↓

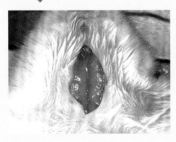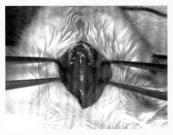

3. 在下颌部沿颈正中线将皮肤剪开 15 mm。→

4. 钝性分离左、右颌下腺。→

5. 安置左、右拉钩，暴露胸骨舌骨肌。↓

6. 分离左、右胸骨舌骨肌。→

7. 用左、右拉钩拉开胸骨舌骨肌，充分暴露气管。→

8. 用镊子刺穿甲状软骨下沿正中的环韧带。↓

9. 可见刺穿后的孔洞，如图中箭头所示。→

10. 沿孔将 PE 管向后插入气管。→

11. 用镊子夹住切口前缘，继续深插 4 mm。↓

12. 在体外保留 3 mm PE 管。

图 36.6　气管切开插管术

操作讨论

（1）如果插管要求长期安置，可以缝合皮肤。

（2）由于采用小穿孔、大插管，插入紧，固定良好。如果插管仅用于术中，则不需其他固定措施。

第 37 章

气管经口插管

一、背景

气管经口插管法是对小鼠损伤小、操作简单的气管插管方法。本章介绍四种气管经口插管法：喉镜气管插管法、体外透照气管插管法、灌液气管插管法和徒手气管插管法。

二、解剖基础

气管上自喉部，下至支气管。喉部（图 37.1）在口腔内，食道腹面。喉部后接气管，会厌是气管的入口（图 37.2，图 37.3）。气管（图 37.4）由大约 14 个环状软骨组成，后至支气管。支气管较气管细小，环状软骨不超过 10 个。左、右支气管分别向两侧呈锐角分开，右支气管角度较大。

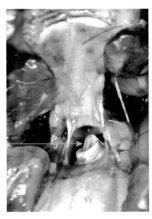 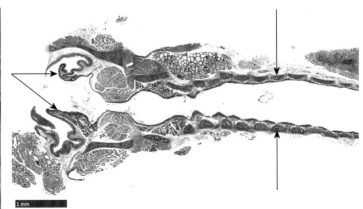

图 37.1 喉部，如箭头所示　图 37.2 喉部组织切片，H-E 染色。左箭头示会厌软骨，右箭头示气管环状软骨

图 37.3 喉和气管

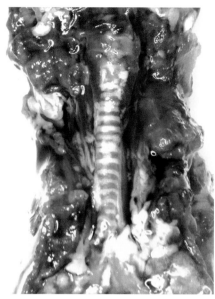

图 37.4 气管

三、喉镜气管插管法 ①

（一）器械与耗材

喉镜；小鼠立位支架（图 37.5）；气管插管针；气管插管。

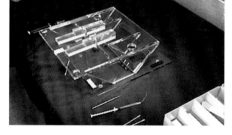

图 37.5 小鼠立位支架

（二）操作方法（图 37.6）

1. 小鼠常规注射麻醉。
↓

2. 将小鼠上门齿挂于立位支架上，调整体位为后仰 120°。将舌头拉出，以免舌头后坠阻碍喉部。→

3. 将喉镜插入口中。→

4. 直视下可见喉部。↓

---

① 本方法作者：寿旗扬。

5. 将气管插管贴着舌背面缓慢插入。→

6. 用玻璃片靠近插管口,可以看到其表面很快出现雾状小水珠,此为小鼠呼吸所致,表明插管在气管内。→

7. 用手指按压颈部,可以触到气管中的插管。

图 37.6　喉镜气管插管法

四、体外透照气管插管法 [1]

（一）器械与耗材

透照冷光源（图 37.7）；气管插管（外径 2 mm、长 25 mm 薄壁硅胶管）。

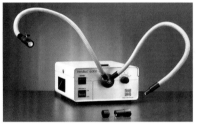

图 37.7　透照冷光源

（二）操作方法（图 37.8）

1. 小鼠常规麻醉,仰卧固定,上门齿挂线。↓

2. 将照明灯靠近小鼠颈前部。→

3. 左手掀起下颌,固定拉出的舌头,可见被照亮的咽部。直视下右手将插管经口插入气管,深入 15 mm。→

4. 保留 10 mm 插管于口外。

图 37.8　体外透照气管插管法

① 本方法作者：寿旗扬。

五、灌液气管插管法 [①]

（一）器械与耗材

（1）自制插管注射器（图 37.9）。其中注射器管部用于吸推药液；固定部用于吸推药液时固定注射器；软管部直径 2 mm、长 7 cm，用于暂存药液；尖端细软管部直径 0.7mm，长 1 cm，用于插入气管。

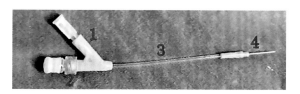

1. 注射器管部；2. 固定部；3. 软管部；4. 尖端细软管部

图 37.9 自制插管注射器

（2）自制可调气管插管架（图 37.10）。

a. 侧面   b. 背面

图 37.10 自制可调气管插管架

（3）其他器械与耗材：特制清喉棉球（4 mm 直径无菌棉球）；平镊；1 mL 注射器；插管。

（二）操作方法（图 37.11）

小鼠气管经口插管时，如果插管内没有液体，可以通过玻璃片产生的雾气来判断插管是否进入气管；如果有液体存留于插管中，可以不用喉镜和光照，通过简单的可调气管插管架和娴熟的手法，根据看到的插管内液面的波动状态，就可快捷完成气管插管与灌注。

---

① 本方法作者：马元元。

1. 调整自制气管插管架至后仰 15°±5°。↓

6. 用镊子夹持棉球清理呼吸道。↓

2. 将 1 mL 注射器与插管吻合固定，吸取 50 μL 滴注液。↓

3. 常规腹腔注射麻醉，麻醉标准为舌头可以拉出口腔外，不自行回缩。↓

4. 麻醉满意后，将小鼠挂在支架上。↓

5. 用镊子夹住下门齿，将舌头拉出口外。→

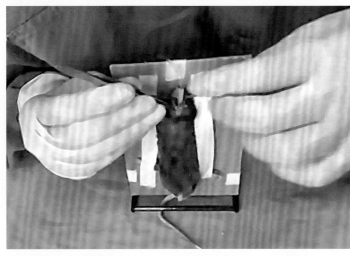

7. 将插管插入气管。▶→

8. 若观察到插管内液柱开始上下浮动，则说明成功插入气管。↓

9. 此时可缓慢推入灌注液，液体推完后，再次推入些许空气，辅助药液完全进入肺内。↓

10. 灌注完毕，迅速拔出插管。↓

11. 再次用棉球清理呼吸道。↓

12. 静置 5～10 秒，随后可观察到小鼠呼吸幅度明显加快，并可听到小鼠肺部湿啰音。↓

13. 将小鼠侧卧位放置于保温毯上，苏醒后返笼。

图 37.11　灌液气管插管法

操作讨论

（1）后仰角度：10°～20° 之间都可以完成插管，但是后仰 10° 时对操作者来说较舒适些，插管较顺利些。

（2）避免误插入食管的措施。插管从下门齿中间沿着下颌骨滑向咽喉部，严格按照此方向可避免误入食管。另外，插管后，液柱上下浮动则说明插管在气管中，以此来判断是否误入食管。

（3）为避免长时间呼吸阻塞，从开始插入到开始注射应在约 20 秒内完成。

（4）插入深度：10 g 小鼠气管从喉部到分支部的长度约为 0.5 cm，20 g 小鼠气管长度约 1 cm。插入深度可依据小鼠的气管长度来定。看到有液柱浮动，可判断插管已进入气管。未到气管分支部，推注药液可使药液进入两侧肺叶。若实验需要单侧肺叶给药，则插入深度就要达到气管分支部以下。

（5）气管灌液后再次清理呼吸道是为了防止气管刺激产生的分泌物在小鼠麻醉状态下影响呼吸道通畅。

六、徒手气管插管法

在做小鼠胃饲时，不小心会发生灌胃针头进入气管的现象。利用灌胃的操作方法，注意针头插入技巧，做气管插管如同灌胃一样，方便快捷，且无须麻醉。每当插管进入清醒的小鼠的气管时，小鼠都会出现激烈挣扎，这时可以确认气管插管无误。

徒手气管插管用于气管给药，数秒钟即可完成操作。

（一）器械与耗材

1 mL 注射器；插管：22 G 钝针头，外套硅胶管，硅胶管长出针头 4 mm，硅胶管顶端为 45° 斜面。

（二）操作方法（图 37.12）

1. 抓持小鼠同灌胃手法 ❶。↓

2. 针头顶端斜向小鼠腹面，针头进入口腔深度至硬腭。→

3. 在针头到达咽喉部之前，向小鼠背侧转动，令小鼠头后仰30°。→

4. 将针杆靠小鼠硬腭，针头贴舌面进入喉。此时小鼠会突然四肢挣扎，立刻注入药物，迅速拔针。

图 37.12　徒手气管插管法

第 38 章
肠道插管

一、背景

　　胃肠道插管手术难度虽然小，但需要控制插管，将其固定在肠道内，避免脱落或过度深入肠道。插管的肠道外端可以连接渗透泵，也可以封口后固定在皮下。

二、解剖基础

　　图 38.1 为小鼠胃肠道，外端为胃，内端为肛门，中间是小肠和大肠。小肠和大肠的病理结构相似，插管方法类似。

　　肠道血管（图 38.2）来自肠系膜，按照节段分布。选择插管位置时，需避开大血管。

　　肠道内膜为黏膜层（图 38.3），因插管将长期在肠道内摩擦，因此插管的表面需光滑，尽可能减少其对肠道黏膜的刺激。

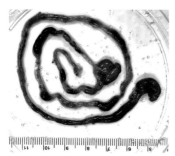

图 38.1　小鼠胃肠道

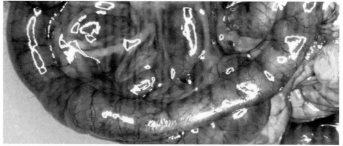

图 38.2　肠道血管

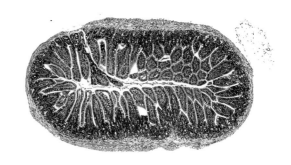

图 38.3　肠道横切面组织切片，H–E 染色
示黏膜层

三、器械与耗材

（1）自制 PE 10 管膨大头 ⑨ ▶。

（2）自制插管（图 38.4）：将薄壁硅胶管一端套接 0.5 cm PE 10 膨大头（图 38.4 右侧），为头端；颈部套上双硅胶环箍（图 38.4 右侧）；尾端插入 PE 10 封闭管作为塞子（图 38.4 左侧）。硅胶管长度依手术需要而定，例如，开口于后颈的硅胶管较开口于腹部者长数厘米。

（3）7–0 显微尼龙缝线。

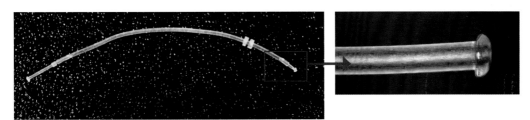

图 38.4　自制插管，局部放大为 PE 10 管膨大头

四、操作方法

肠道插管法见图 38.5。▶

1. 小鼠常规麻醉，腹部备皮，仰卧固定于手术板上。腰部垫高。

↓

2. 开腹 ⑰，切开 1 cm，暴露，选择空肠。

↓

3. 旋转空肠，使少血管区向上，并在该区域内以 7–0 缝线做预置褥式缝合。

↓

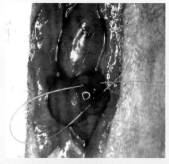

4. 在两缝线间纵向剪开肠壁。　5. 准备将插管插入切口。↓
→

6. 将插管插入切口。→

7. 收紧缝线，将插管固定于肠
壁。↓

8. 缝线保留长线头再打结固定于两箍之间。→

9. 缝合腹壁，留插管于腹壁外。↓
10. 缝合皮肤。

图 38.5　肠道插管法

操作讨论

　　胃肠道插管时，为了防止插管从消化道脱出，将插管头端膨大化，近尖端处套
2 个硅胶管箍。消化道壁做褥式缝合，将插管固定在消化道壁上。

第39章
胆总管插管

一、背景

由于小鼠胆总管壁非常薄，用注射针头直接插入抽取胆汁，会使胆总管壁被吸入针孔而妨碍胆汁排出，若使用胆总管逆向插管则可以将胆汁缓慢引流出来。本章介绍胆总管逆向插管法。

二、解剖基础

胆总管始于胆囊管和肝管汇合处，终于十二指肠壶腹部，出口于十二指肠壶腹部内壁。壶腹部（图39.1）较厚，呈白色椭圆状。

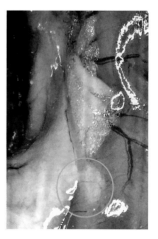

图 39.1 十二指肠壶腹部，如绿圈所示

三、器械与耗材

（1）自制插管：PE 10 管 2 cm，外径 0.64 mm，内径 0.28 mm；前端 1 cm 拉细至 1/2，尖端剪成 30°；后端剪成 45°，插入硅胶管 0.5 cm；内灌生理盐水。硅胶管外径 0.94 mm，内径 0.51 mm，长数厘米，连接 PE 10 管。

（2）管镊；显微平镊；29 G 针头；组织胶水。

四、操作方法

胆总管插管法见图 39.2。▶

1. 小鼠常规麻醉,开腹 ⑰ 。

↓

2. 将小肠向左翻,暴露十二指肠和胆总管。

↓

3. 用平镊夹住十二指肠做对抗牵引,用针头在壶腹部远端十二指肠处刺一个小孔。

↓

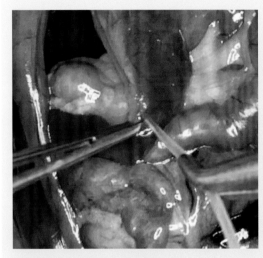 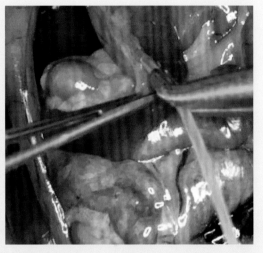

4. 用管镊夹住 PE 10 管和硅胶管嵌套处,PE 管前端斜面向上,水平插入十二指肠处的进针孔中。→

5. 将 PE 管尖端从十二指肠壶腹部胆总管开口处全部插入胆总管。↓

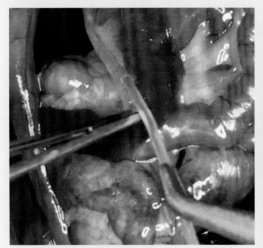 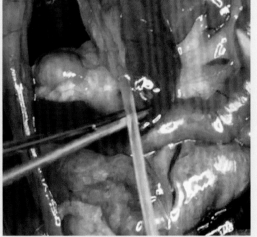

6. 管镊后移 3 mm 夹住。→

7. 再将这 3 mm PE 管全部插入胆总管。↓

8. 在十二指肠开口处滴少许胶水将插管固定于肠壁。↓

9. 缝合腹壁和皮肤,将体外硅胶管固定。

图 39.2 胆总管插管法

第 40 章

子宫内膜异位植入 ①

一、背景

考虑到排斥反应，小鼠子宫内膜异位症模型目前主要选用免疫缺陷小鼠，常用裸鼠或严重联合免疫缺陷病（SCID）小鼠。造模方法主要有：注射法（组织块腹腔注射、组织块皮下注射、细胞腹腔注射）、种植法（组织块腹腔种植、组织块皮下种植）。本章通过腹腔种植法，介绍子宫内膜异位植入操作。

二、解剖基础

小鼠子宫是呈 "Y" 形的双子宫（图 40.1），两个子宫角完全分开。左、右两个子宫颈并非像子宫体一样左、右并排在一起，右子宫颈在前侧（图 40.2 右箭头所示），左子宫颈在后侧（图 40.2 左箭头所示），且分别独立开口于共同的阴道前端。

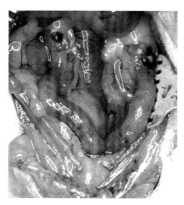 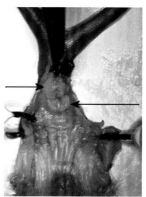

图 40.1　小鼠子宫　　　图 40.2　子宫颈

---

① 本章作者：纪莲。

子宫动脉（图 40.3）有两个来源：前方源于生殖动脉；后方源于膀胱上动脉，沿子宫走行，其间又分出众多小支至子宫表面。

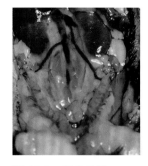

图 40.3　子宫动脉

三、器械与耗材

手术板；组织剪；7-0 无损伤缝线；棉签；生理盐水；青霉素钠。

四、操作方法

子宫内膜异位植入分为供体手术和受体手术两个部分，手术遵从无菌手术规范。

（一）供体手术（图 40.4）

1. 小鼠常规麻醉，后腹部备皮。
↓
2. 仰卧固定于手术板上，垫高腰部。
↓
3. 在小鼠尿道口上端 0.8 cm 处，向头方向，沿腹正中线将皮肤划开 1.5 cm。
↓
4. 进而沿皮肤切口划开腹壁。
↓
5. 用棉签向左侧拨开肠管，在膀胱背侧找到右子宫。
↓

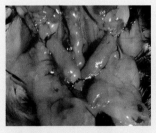

6. 避开子宫动脉主干，在靠近输卵管处结扎 1 cm 子宫。
→

7. 剪下两个结扎线之间的子宫。↓

8. 将剪下的子宫立即置入 37℃ 生理盐水中，修剪去掉子宫浆膜外的脂肪组织，纵向切开子宫腔。→

9. 修剪成 3 mm×3 mm 的片段，此即将作为种植物。

图 40.4　供体手术

（二）受体手术（图 40.5）

1. 小鼠常规麻醉，腹部备皮。

↓

2. 仰卧固定于手术板上，垫高腰部。

↓

3. 在小鼠尿道口上端 0.8 cm 处，向头方向，沿腹正中线将皮肤划开 1.5 cm。

↓

4. 进而沿皮肤切口划开腹壁。

↓

5. 暴露子宫角近端。

↓

6. 将准备好的子宫片段（种植物）内膜面对着背面，用 7-0 无损伤缝线四角固定种植物于子宫系膜和肠系膜上。

↓

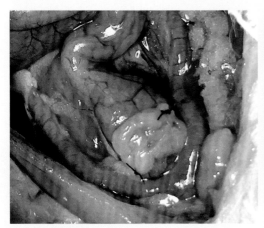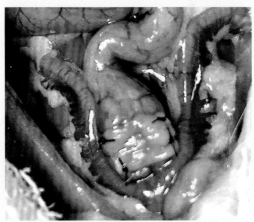

7. 先做对角缝合。→
8. 缝合余下两角。↓

9. 连续缝合腹壁肌肉，间断缝合皮肤切口。手术切口消毒。↓

10. 小鼠苏醒后单笼喂养。↓

11. 术后小鼠腹腔注射青霉素钠水溶液（10 000 U/mL），连续 5 天，预防感染。↓

12. 术后次日皮下注射 0.02 mL（1 mg/mL）苯甲酸二醇，促进接种内膜生长，以 5 天为周期，持续 3 个周期。

图 40.5 受体手术

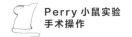
（三）模型评估标准

1. 肉眼观察

（1）术后 4 周再次开腹，观察种植物的生长情况，并用游标卡尺测量异位组织的体积。若出现液体聚集，呈隆起透亮的小囊状，即可判断内膜种植成活。

（2）术后 8 周种植物长成，一般为圆形或椭圆形隆起的淡红色囊泡，内部充满积液，表面可见血管分布。

2. 组织病理学观察

种植物 H-E 染色显示，囊泡由内到外依次为：内膜层、内膜下层、肌层和浆膜层。

（1）内膜层：上皮细胞呈长柱状或增生为假复层结构。

（2）内膜下层：变薄，轻度纤维化，腺上皮消失。

（3）肌层：变薄，血管减少。无明显外膜，肌组织下有大量疏松结缔组织包裹。

（四）模型比较

1. 内膜选择

人的内膜组织有一定排斥作用，而且离体时间不宜过长。小鼠自身内膜组织虽然排斥较小，但因需要开腹，容易发生腹腔粘连，对小鼠自身损伤相对较大。

2. 方法选择

（1）注射法操作简单，对小鼠损伤小，但是成膜率低。利用细胞腹腔注射技术，注射混合培养的子宫内膜细胞和内膜腺上皮，成模率明显提高。

（2）种植法相对成模率最高，但需要手术操作。

（3）注射法与种植法建模，两者在病变上都与人体子宫内膜异位症的病灶相似。

操作讨论

在种植中常见的问题及预防措施如下：

（1）种植物不生长，种植失败。预防措施为：

① 动作尽量迅速，减少异位组织在体外停留时间。

② 种植物应靠近大血管，以利于新生血管形成和种植物存活。

③ 注意区分浆膜面和内膜面，避免把内膜种植方向弄反。

④ 种植物位置相对固定。

（2）种植物生长不理想。预防措施为：

① 选择动情期小鼠用于实验，或手术后给予己烯雌酚或雌二醇。（由于子宫内膜异位症属激素依赖性疾病，因此，增加雌激素药物，可促进内膜增生，提高成模率。）

② 种植物边缘靠近供血丰富区域。

（3）种植物粘连严重或找不到病灶。预防措施为：

① 种植物的固定位置尽量远离手术切口，以减少粘连并防止再次开腹时损伤种植的异位内膜。

② 种植物缝合要牢固，防止种植物移位。

③ 种植后用生理盐水冲洗种植物。

④ 用不可吸收的无损伤缝合线可起标记缝合位置的作用。

第 41 章
肿瘤块皮下植入①

一、背景

　　肿瘤块皮下植入操作多为切开皮肤，在浅筋膜内包埋肿瘤块，然后缝合皮肤。然而，用穿刺针直接穿刺皮肤和皮肌，将肿瘤块移植到浅筋膜内，有操作快速、损伤小、肿瘤成活率高的优点。

二、解剖基础

　　小鼠躯体大部分皮肤游离性大，皮肌下面有松弛的浅筋膜（图 41.1），并有游离的血管走行其间。血管穿过浅筋膜进入皮肌后不再游离。细小的分支穿过皮肌进入皮肤真皮下层。真皮下层以脂肪组织为主，有大量神经和小血管分布，由于该层非常薄，不能容纳大量肿瘤细胞，更无法容纳肿瘤组织块，故实验中一般都将肿瘤块移植在浅筋膜层内。

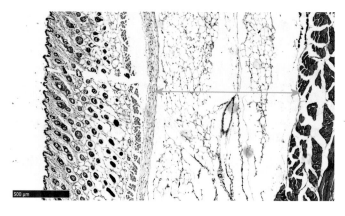

图 41.1　皮肤组织切片，H–E 染色。双箭头示小鼠腹部浅筋膜区域

---

① 本章作者：尚海豹。

三、器械与耗材

（1）自制穿刺针（图 41.2）：18 G 针头，长 34 mm；内置实心针芯直径 0.8 mm，长 80 mm；标准 1 mL 注射器截取 46 mm。

（2）显微尖镊；冰盘。

a. 穿刺针材料

b. 组装后穿刺针

图 41.2　自制穿刺针

四、操作方法

肿瘤块皮下植入方法见图 41.3。▶

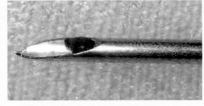

1. 将新鲜采集的肿瘤置于冰盘上的培养液中，剪成 2 mm 长的条状。↓

2. 将消毒的无菌穿刺针的针芯拉出 2 mm。→

3. 用无菌镊子将肿瘤块从针孔处填进穿刺针头内。→

4. 确定要接种肿瘤块的位置，本实验接种位置在右前肢腋窝下。用针头测量接种位置与皮肤进针孔之间的距离。进针长度设定为 2 cm。↓

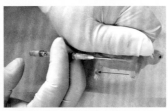

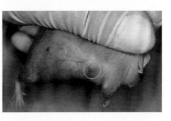

5. 针尖穿过皮肤，进入浅筋膜后平行皮下进针，针尖至指定位置后，固定针芯。→

6. 抽出针筒约 2 mm，这时针芯和针头尖端平齐，肿瘤块滞留于浅筋膜内。→

7. 将针芯和针头一起拔出体外，移植完毕。可见浅筋膜下种植处皮肤局部微隆起。↓

8. 不必缝合进针孔，待小鼠苏醒后返笼。

图 41.3　肿瘤块皮下植入法

操作讨论

（1）把新鲜的肿瘤组织放入培养液内。

（2）新鲜肿瘤组织如果在 20 分钟内不能种植，需要将其置于冰上，以降低肿瘤细胞代谢率，保存其生物活性，保证成活率。

（3）肿瘤块安置不要用针芯将其推出针头，而要依靠针头后退，将肿瘤块滞留在浅筋膜内。这样可以避免肿瘤块挤入浅筋膜内，对肿瘤细胞的损伤小。

（4）一般接种后 3～4 天，肿瘤逐渐缩小，以致皮肤近乎完全平复。

（5）接种 18 天后，肿瘤生长隆起明显可见，术后 3 周，肿瘤长大（图 41.4）。

 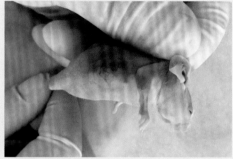

a. 接种 18 天　　　　　　　　　　　　b. 术后 3 周

图 41.4　肿瘤块皮下植入效果

第 42 章

肾移植①

一、背景

小鼠肾移植模型广泛应用于免疫学研究。鉴于小鼠体形小，肾血管短，为了手术方便，本章介绍供体左肾移植替换受体右肾，供体肾腹主动脉与受体腹主动脉做端侧吻合，供体肾静脉与受体后腔静脉做端侧吻合的术式。

二、解剖基础

小鼠的肾位于腹腔内，左、右各一，左肾较右肾偏后（图 42.1）。最外层由腹膜脏层包裹，称为肾浆膜（图 42.2）；肾浆膜下、肾表面为一层纤维膜（图 42.3）包裹；这两层膜之间，肾门处有脂肪层（图 42.4）。肾门在肾的内侧，是输尿管（图 42.5）发出处，输尿管末端连接膀胱。

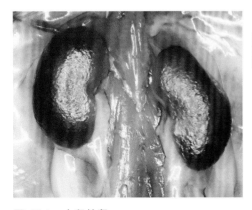

图 42.1　小鼠的肾

图 42.2　夹起的肾浆膜

---

① 本章作者：王成稷。

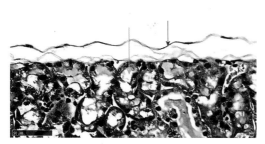

图 42.3 肾壁组织切片，H-E 染色。红箭头示纤维膜，绿箭头示肾组织

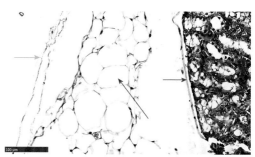

图 42.4 肾壁组织切片，H-E 染色。红箭头示肾纤维膜，蓝箭头示脂肪层，绿箭头示肾浆膜

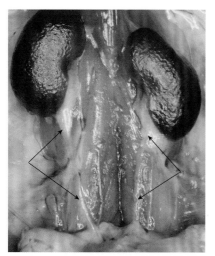

肾的血液供应来自肾动脉，肾动脉发自腹主动脉（图 42.6）。肾静脉与肾动脉伴行，覆盖在肾动脉腹面（图 42.7）。肾前腺后动脉源于肾动脉，肾前腺后静脉（图 42.8）从肾静脉前方汇入肾静脉。从左肾动脉到荐中动脉之间的腹主动脉向背侧发出数支腰动脉，并有同名静脉伴行；小鼠仰卧时，需要提起后腔静脉和腹主动脉才能暴露腰动脉（图 42.9）。

图 42.5 输尿管解剖照。箭头示输尿管

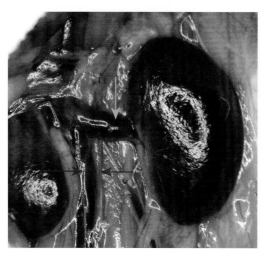

图 42.6 肾血管解剖。绿箭头示肾静脉，红箭头示腹主动脉，蓝箭头示后腔静脉。肾动脉位于肾静脉深面

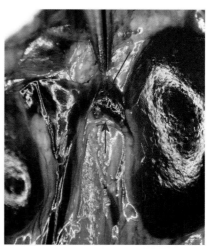

图 42.7 肾血管解剖。蓝箭头示拉起的肾静脉，红箭头示暴露的肾动脉

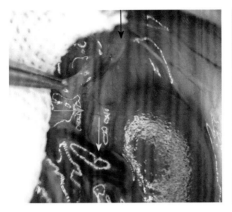
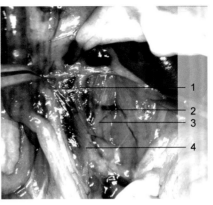

图 42.8　肾前腺后静脉解剖。黑箭头示左肾前腺，蓝箭头示左肾，黄箭头示左肾静脉，绿箭头示肾前腺后静脉

1. 腹主动脉；2. 腰静脉；3. 腰动脉；4. 后腔静脉

图 42.9　腹腔血管

三、器械与耗材

双极电烧烙器；显微镜；显微尖剪；显微镊；开睑器（图 42.10）；11-0 缝线；6-0 缝线（结扎线）；显微手术垫；生理盐水；肝素生理盐水（1000 U/mL）；纱布；无菌棉球。

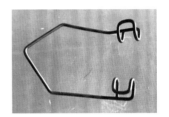

图 42.10　开睑器

四、操作方法

以 8 周龄 C57 雌鼠为例介绍肾移植技术。

（一）供体肾采集（图 42.11）

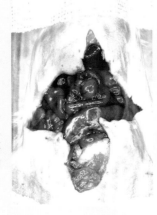

1. 小鼠常规麻醉满意后，腹部常规备皮，消毒。将小鼠仰卧固定于手术台上、显微镜下。垫高腰部。腹部十字切口，暴露腹部内脏。→

2. 将肠道向左侧翻出体外，用生理盐水润湿的纱布包裹，暴露左肾。↓

3. 分离结扎左髂腰静脉，于两结扎线之间电凝后剪断。▶→

4. 结扎左髂腰动脉，并于两结扎线之间电凝后剪断。→

5. 分离左肾前腺后动静脉，并在两结扎线之间电凝后剪断。▶↓

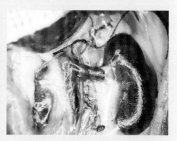

6. 分离左肾输尿管全长后，于远端剪断。▶→

7. 分离左肾动静脉。▶→

8. 分离左肾静脉前端约 0.5 cm 处腹主动脉，安置预留结扎线。▶↓

9. 于阴茎背静脉注射肝素生理盐水 0.3 mL。▶→

10. 结扎左肾静脉前的腹主动脉。→

11. 剪开右髂总静脉作为血液流出口，并安置棉球吸液。↓

12. 用 27 G 针头配 1 mL 注射器于肾静脉后 0.5 cm 的腹主动脉处，向心方向灌注冰肝素生理盐水 1 mL，至肾呈苍白色。▶→

13. 剪断肾静脉。▶→

14. 斜向剪开肾动脉后方约 1 mm 处的腹主动脉。▶↓

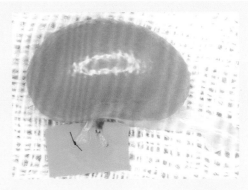

15. 将左肾连同肾浆膜、输尿管、肾静脉和部分腹主动脉与腹腔游离，从腹主动脉结扎线前侧剪断，取出完整左肾，用冰生理盐水冲洗干净并放入 4℃生理盐水中。

图 42.11　供体肾采集

（二）肾移植（图 42.12）

1. 受体小鼠吸入麻醉满意后，腹部备皮，消毒。
↓

2. 将小鼠固定在保温手术台上，腹部正中切口，上至剑突下至包皮腺，然后用开睑器撑开。→

3. 将小鼠肠道向左翻出体外，并用生理盐水润湿的纱布包裹。→

4. 分离结扎受体小鼠右肾的输尿管末端，然后用显微剪于结扎线前端剪断。↓

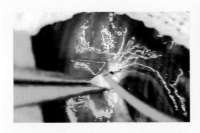

5. 分离受体小鼠右肾的血管，使用 6-0 结扎线结扎受体右肾的动静脉，切除受体小鼠右肾。→

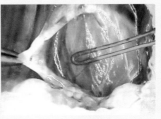

6. 电烧断术区内的腰动静脉。▶→

7. 清理腹主动脉和后腔静脉表面的鞘膜和筋膜组织，暴露腹主动脉及后腔静脉。↓

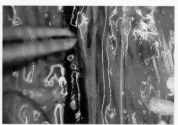

8. 于左肾静脉后和髂总静脉前系活扣，将腹主动脉和后腔静脉一起结扎，结扎时先结扎近端，后结扎远端，如图所示。→

9. 使用显微尖剪在受体腹主动脉腹面剪一个纵向切口，切口尽可能靠前，长度约 0.5 mm，并用冰肝素生理盐水将血管腔内残血冲洗干净。▶→

10. 供体肾摆放于受体腹主动脉右侧，肾门对腹主动脉方向，在供体肾表面覆盖湿纱布，准备进行动脉血管吻合。受体术区腹主动脉和后腔静脉下铺蓝色显微手术垫。↓

11. 动脉吻合使用双线连续缝合，于吻合口的 12 点、6 点位置各缝一针作为固定（缝线不剪断），从 12 点位置通过 3 点向 6 点位置缝合，使用湿棉签将供体肾翻向腹主动脉左侧，继续由 6 点位置通过 9 点向 12 点位置缝合，两侧各缝合 3 针，共 8 针。→

12. 此时供体肾位于腹主动脉左侧。使用显微尖剪在受体后腔静脉腹面，剪一个纵向长约 0.9 mm 的切口，切口尽可能靠后，然后用冰肝素生理盐水将血管腔内残血清洗干净。→

13. 静脉吻合使用单线连续缝合，于吻合口 12 点、6 点位置各缝一针固定，先吻合下面，后吻合上面。从 6 点位置由静脉血管内侧向 12 点位置缝合下面的血管壁，第一针从血管外侧进针，连续缝合到 12 点位置。↓

14. 继续缝合上面静脉血管，从 12 点位置缝到 6 点时，针从血管内面穿出，在血管外面打结。360° 共连续缝合 8 针。→

15. 吻合完成后依次打开远端结扎线和近端结扎线，恢复血流，可见供体肾由苍白变鲜红色。同时用棉球按压止血 2 分钟。吻合口停止漏血后，剪断缝线结线头。▶→

16. 暴露膀胱无大血管区域，如图中箭头所示。↓

17. 将显微镊从受体膀胱无大血管区穿过，将供体输尿管贯穿膀胱拉出。→

18. 于前端输尿管与膀胱交汇处缝两针固定输尿管于膀胱壁上。→

19. 用显微镊夹住输尿管末端，向尾部轻拉，显微剪轻夹膀胱穿出处的输尿管，并向肾端推至极限后剪去多余的供体输尿管，使其自然回缩入受体膀胱。留在膀胱内的输尿管长度约为膀胱厚度的两倍。↓

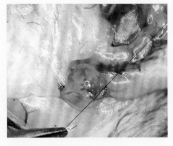

21. 将肠道复位，分层缝合小鼠腹部切口。↓

22. 术后于小鼠背部浅筋膜内注射 300 μL 温生理盐水。↓

23. 小鼠置于保温垫上，待其恢复自主活动后，放回笼中单独饲养。

20. 8 字缝合膀胱后端镊子穿刺口。→

图 42.12 供体肾移植

操作讨论

（1）受体手术时使用保温手术台，可有效降低小鼠死亡率。

（2）手术后小鼠必须放置于保温垫上，直至完全清醒，能自由活动后放回笼中，可有效降低小鼠死亡率。

（3）受体腹主动脉及后腔静脉开口时需注意，腹主动脉开口应尽量靠前，后腔静脉开口应尽量靠后，前后错开方便血管吻合，如图 42.13。

（4）受体移植时，将供体左肾移植到受体右侧，其原因是取供体肾时会将供体肾静脉于后腔静脉交汇处剪断，而供体肾动脉由于其直径较小，取肾时保留一段供体的腹主动脉，这样就会产生供体肾的动脉长于静脉，而受体的后腔静脉位于腹主动脉的右侧，故在移植时会将供体左肾移植至受体的右侧。

（5）保留受体小鼠左肾，可有效提高小鼠术后的生存率。供体肾的状态可通过

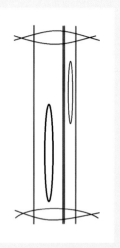

图 42.13　受体小鼠腹主动脉和后腔静脉开口位置示意

小动物超声仪、肾滤过功能检测器等设备监测其肾功能来了解。

（6）在血管吻合时需定时喷洒冰生理盐水，降低供体肾温度，减少损伤。

（7）在取供体肾时保留浆膜层，可以给供体肾一个与原有环境类似的生存环境。

（8）为了尽量缩短供体肾冷缺血时间：① 如果双人手术，可以供体肾采集和受体移植准备同时进行；② 如单人手术，要先行受体移植准备手术，再做供体肾采集，最后行肾移植手术；③ 血管吻合时间应控制在 20 分钟内完成。

血管手术：概论

第七篇

第43章
血管手术概论

由于小鼠体形小，大部分血管手术需要在显微镜下操作，所以基本属于显微手术。因其所涉内容繁多，故在本书中自成体系。血管手术的主要内容分为以下几个部分：

（1）血管注射。已归纳在《给药技术》中，故不在本书中赘述。

（2）采血。在《标本采集》的采血专题中介绍，在本书中不做专门介绍。

（3）血管断流。以断流程度来分，可分为完全阻断血流和部分阻断血流，其方法涉及结扎、血管夹、电烧、拉线、撑断等。阻断性质包括临时性阻断和永久性阻断。

（4）血管插管。包括动脉插管和静脉插管，操作涉及不同方式的血流阻断、血管开窗、插管、固定等。

（5）出血损伤。多用于出凝血实验，包括血管横断、纵切、前壁咬切、划开、穿刺等方法。损伤目标包括动脉、静脉、动静脉、微小血管等。

（6）血管吻合。这是临床显微手术的核心技术。小鼠体重仅约为人类的1/3000，其手术挑战性更甚临床。小鼠血管吻合是显微手术医生训练的极佳方式，也是实验动物操作的进阶技术。然而其与人类临床血管吻合大有不同，所以临床显微手术教材不完全适用于小鼠血管手术。血管吻合手术内容之丰富，足以专门著述，本书仅叙述极具小鼠血管吻合特点的部分操作和基本技术。

一、不同目的的血管剪开操作原则

1. 插管

（1）剪开血管的方向：应向插管方向斜向下以 45° 剪开血管。垂直剪开血管，在插管时，血管容易沿着环形平滑肌断裂；小于 45° 则血管被剪开较多，插管前血管损伤较大。

（2）剪开血管直径长度：应剪开血管斜向管径的 1/2。剪开太少，不利于插管进入管腔，反复插入不成功，会使血管纵向撕裂；剪开太多，容易在插管时撕断血管。

Perry 小鼠实验手术操作

2. 血管吻合

（1）切除部分血管端口的外膜。

（2）切面边缘整齐，以利于缝合。

（3）剪开角度按照血管截面要求设计。尤其在管径相差较大的血管做端端吻合时，需要准确掌握管径小的血管的剪开角度。

3. 放血

（1）在出凝血实验中的放血操作应准确选择特定的血管及切开位置。

（2）严格规范血管切开的长度或剪除的面积。

（3）精确控制小鼠体温、体位、血压、心率等一系列影响血流的条件，在麻醉状态下尤其需要注意。

4. 采血

（1）保持血管切口的清洁。

（2）一次性最大量采血：血管切口不可太小；适当提高小鼠体温；麻醉程度不宜过深。

（3）多次采血：血管切口尽可能小些，以能够采到足量的血为原则。切口小利于止血。

二、血管解剖特点

1. 动脉血管

动脉（图 43.1）血管有数层平滑肌细胞环绕，外包外膜，内衬血管内皮层。弹性和抗损伤能力都优于静脉。

2. 静脉血管

静脉（图 43.2）血管多为单层平滑肌细胞环绕，外包血管外膜，内衬血管内皮层。弹性和抗损伤能力都远逊于动脉。阻断血液回流时，远端血管充盈明显高于动脉。

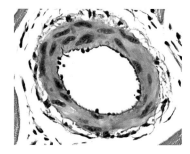 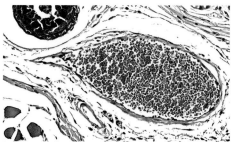

图 43.1 舌内动脉组织切片，H–E 染色　图 43.2 尾侧静脉组织切片，H–E 染色

202

3. 血管痉挛

有些血管遇到强烈刺激，会痉挛收缩（图 43.3）。游离的血管尤其明显，例如，股动静脉皮支（腹壁浅动静脉）、生殖动静脉等。

4. 血管伴行

单独做动脉或静脉切开，多需要先分离伴行的血管。大多数血管是动静脉伴行，因此，动物模型设计时应充分考虑这一点，选择没有动静脉伴行的血管手术，常可免去动静脉分离的操作，简化手术程序。

5. 非典型的血管伴行

（1）动静脉不伴行的血管有舌下静脉（图 43.4）、颈外静脉（图 43.5）、门静脉等。

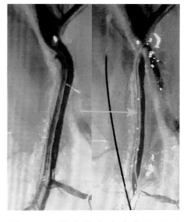

图 43.3　股动脉皮支痉挛前后对比（左为痉挛前，右为痉挛时）。箭头示痉挛的股动脉皮支。中间黑线为人发，用于对比

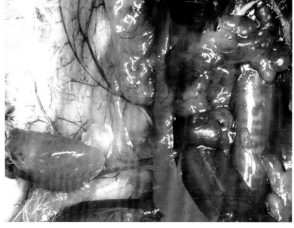

图 43.4　舌下静脉灌注照。箭头示右舌下静脉

图 43.5　颈外静脉虽然粗大，却没有动脉伴行

（2）"动 – 静 – 动"血管伴行模式（图 43.6，图 43.7）：两侧是动脉，中间夹着一条静脉。例如，附睾动脉和睾丸动脉伴随生殖静脉。

（3）"静 – 动 – 静"血管伴行模式（图 43.8）：两侧是静脉，中间夹着一条动脉。例如，后腹壁动静脉。

 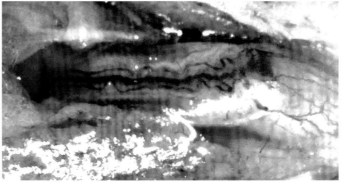

图 43.6　附睾动脉，如箭头所示　图 43.7　阴茎背动静脉的"动－静－动"模式

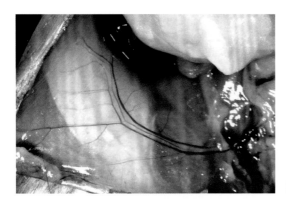

图 43.8　后腹壁动静脉

（4）比例失调：在尾中动静脉（图 43.9）中，静脉远远小于动脉。大量动脉血从尾横动脉系统经过微循环进入尾侧静脉。由于尾横动脉的分流，尾侧静脉远大于伴行动脉（图 43.10）。

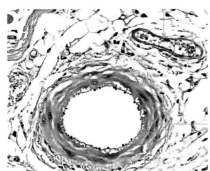 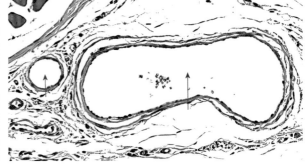

图 43.9　尾中动静脉组织切片，H–E 染色。上箭头示尾正中静脉，下箭头示尾正中动脉

图 43.10　尾侧动静脉切片，H–E 染色。左边小血管为尾侧动脉（红箭头所示），中央的大血管为尾侧静脉（黑箭头所示）

（5）动脉节（图 43.11）：一条动脉在一点上分出数支。

（6）螺旋状动脉（图 43.12）：例如，睾丸动脉螺旋状缠绕静脉。

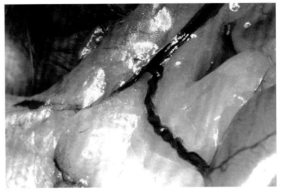

图 43.11　尾横动脉节

图 43.12　螺旋状动脉

血管手术：出凝血

第八篇

第 44 章

血管穿刺

一、背景

　　静脉穿刺常用于出凝血实验和血样采集。舌下静脉作为穿刺部位的优点是：暴露方便，穿刺部位清晰，容易操作，便于观察和影像记录。缺点是：由于舌表面非干燥环境，出血不容易保持血滴状，需要根据采集目的采取一定的措施。

二、解剖基础

　　成鼠舌拉直时厚约 3 mm，口外部分长不过 1 cm。形态与人舌无明显区别。舌背面、舌尖和侧面有味蕾分布；舌腹面没有味蕾，为平滑的黏膜覆盖，黏膜下可见明显的舌下静脉（图 44.1），左、右各一。舌下静脉从距离舌尖 1 mm 处走行于黏膜下，向咽喉方向延伸，汇入面静脉。沿途有大量与黏膜水平走行、树枝样分布的小静脉汇入舌下静脉（图 44.2，图 12.4）。

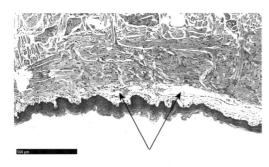

图 44.1　舌组织切片，H–E 染色。箭头示舌下静脉

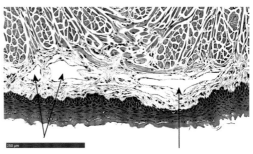

图 44.2　舌切面组织切片，H–E 染色。右箭头示舌下静脉，左二箭头示其分支

三、器械与耗材

开口器 ⑫；平镊；31 G 针头胰岛素注
射器；棉签；毛细玻璃管；吸入麻醉口鼻面
罩（图 44.3），必要时使用。

图 44.3　吸入麻醉口鼻面罩

四、操作方法

舌下静脉穿刺法见图 44.4。▶

1. 就操作方便而言，注射麻醉优于气体麻醉。实验要求必须气体麻醉时，使用特殊的吸入麻醉
口鼻面罩。
↓

2. 麻醉满意后，将小鼠仰卧于开口器上，头部朝向操作者。
↓

3. 上开口器 ⑫。→

4. 用镊子横向夹住舌尖将舌头
向外拉出。暴露舌腹面的舌下
静脉。↓

5. 在一侧舌下静脉上选定位置
（例如，距离舌尖 2 mm 处），
用棉签擦干局部舌表面。→

6. 将 31 G 针头于选定的位置
轻轻下压，顺向刺入舌下静脉，
直至针孔没入血管。注意，不
要刺透血管后壁。↓

7.迅速拔针，血液随即流出，保持血滴状。→

8.迅速用毛细玻璃管搜集流出的血液。

图 44.4　舌下静脉穿刺法

操作讨论

（1）麻醉方式的选择：一般吸入麻醉面罩，影响舌下静脉暴露。如果必须用气体麻醉，要采用特殊的小鼠吸入麻醉口鼻面罩。

（2）采集血液时，必须保持舌面干燥，否则流出的血液不会呈滴状，而是弥漫在舌面上，难以用毛细玻璃管采集。

（3）测凝血时间，则需要保持舌面湿润，必要时在针孔附近保持生理盐水缓流冲洗。

（4）测出血量时，可以用滤纸条贴附在针刺孔附近，计算浸血长度；或用生理盐水冲洗出血，测量生理盐水中的血液量。

第45章
血管划开

一、背景

测量出凝血的动物模型有多种，如血管横断、血管开窗、血管针刺、血管纵向划开。其中，血管纵向划开要求掌握准确的划开位置和长度，并保证血管不被刺穿、划口边缘整齐以及组织器官在测试时间内位置稳定。舌下静脉是纵向划开操作的很好的选择，其暴露容易，便于固定和操作，可以做完全的血流收集。本章以舌下静脉为例，介绍针刀配合的管壁划开的技术。

二、解剖基础

舌下静脉位置表浅，仅以一层黏膜覆盖其上，容易切开。其下方紧贴肌肉，肌肉内血管丰富。⑫

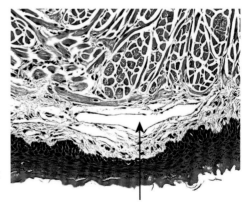

图 45.1　舌组织切片，H-E 染色。箭头示舌下静脉横切面，其上方为舌肌，下方为黏膜

三、器械与耗材

开口器 ⑫；显微镜；显微尖刀（图 45.2），将刀尖弯曲 90°（图 45.3）；舌垫（图 45.3）；29 G 针头胰岛素注射器；组织胶水。

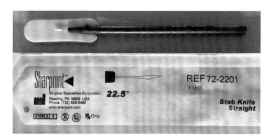 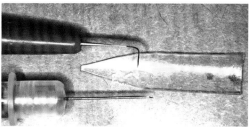

图 45.2　显微尖刀

图 45.3　管壁划开器械，由上至下分别是显微尖刀、舌垫、注射器

四、操作方法

舌下静脉管壁划开法见图 45.4。▶

 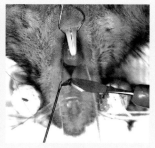 

1. 小鼠注射麻醉，满意后安置在开口器上。→

2. 将小鼠置于显微镜下，头部朝向操作者。↓

3. 张口固定，准备好针头、显微尖刀。↓

4. 将舌垫置于舌下，与舌背面用组织胶水固定。↓

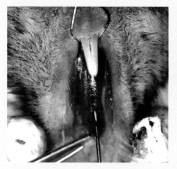 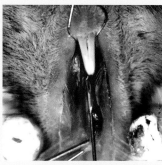 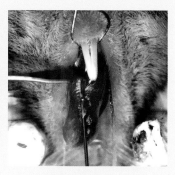

5. 选定一侧舌下静脉距离舌尖 5 mm 处为操作区域。→

6. 右手持胰岛素注射器，针头顺向刺入舌下静脉，进针数毫米（实验设计长度）。→

7. 左手持显微尖刀，刀尖垂直刺穿舌黏膜和舌下静脉前壁，抵达针孔内。↓

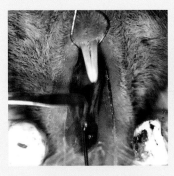 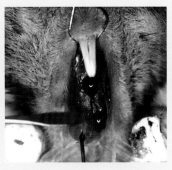 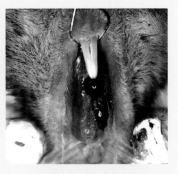

8. 刀尖抵住针孔后壁，随针尖移动。右手匀速拔针，这时舌黏膜和血管前壁随着同时移动的刀刃一起被划开。→

9. 保持针 – 刀相对位置不变，一起继续向回拉，刀尖继续划开静脉壁，直至针 – 刀完全拉出进针孔后，血随即从切口流出。→

10. 图中是舌下静脉被划开后状态。↓

11. 根据实验目的选择后续流程。

图 45.4　舌下静脉管壁划开法

操作讨论

（1）如果实验目的是检测凝血时间，可以滴生理盐水于伤口旁，保持伤口湿润，记录出血停止时间。

（2）如果实验目的是检测出血量，可以收集冲洗下来的血液和生理盐水检测出血量。

（3）要保证准确的实验结果，应确保小鼠体温在测定时间内维持正常、血管划开长度和位置准确、流血测定时间中血管位置保持不变、伤口边缘整齐等。

第 46 章

扁针开窗

一、背景

血管开窗方法归结起来不外乎两大类：一是无缺损切开，二是血管壁缺损。扁针开窗属于后一类。

显微缝针有多种，其中扁针两侧很锋利。扁针刺进血管，针尖露出血管后停止，用平镊在血管外夹住扁针两侧，类似以平镊为夹板，同时双向压向刀刃，稍用力夹紧平镊即可切断血管壁两侧，加之扁针进入和刺出血管时已将血管前后部位切断，这样就切下一块四边形的血管壁。只要把握扁针进出血管壁的长度，就可以准确地切除一块血管壁，开出一个标准的窗口。

二、解剖基础

舌下静脉（图 46.1）紧贴黏膜，走行直而浅。⑫

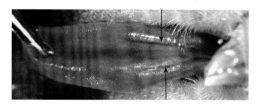

图 46.1 舌下静脉，如箭头所示

三、器械与耗材

开口器 ⑫；平镊（图 46.2）；8-0 扁针（图 46.3）；显微针持。

图 46.2 平镊。左为弯平镊，右为直平镊，均可使用。使用前，在镊子前端套1 cm 硅胶管

图 46.3 8-0 扁针

四、操作方法

舌下静脉扁针开窗法见图 46.4。▶

1. 小鼠异氟烷吸入深度麻醉。
↓

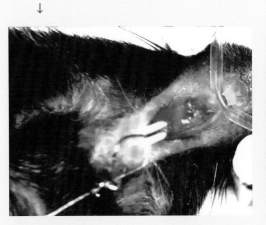

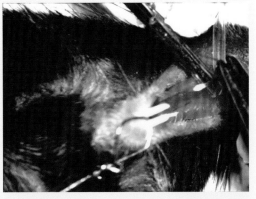

2. 从麻醉箱中取出小鼠，迅速安置在开口器上。拉开口，暴露舌。→

3. 用镊子夹住舌尖，拉出舌头，腹面向上。↓

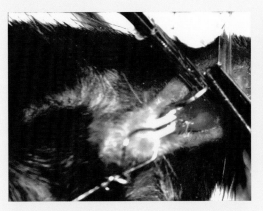

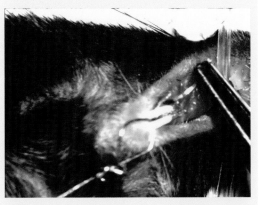

4. 选一侧舌下静脉，以扁针顺血流方向刺入 1 mm，注意不可刺穿对侧血管壁。→

5. 针尖从舌下静脉表面刺出。镊子松开，放开舌尖。↓

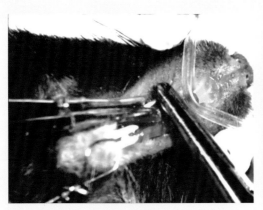

6. 用镊子夹紧扁针两侧血管。→

7. 扁针整体上抬，切下一块完整的四边形血管壁。图中扁针上可见切下的血管壁。↓

8. 放开镊子，完成舌下静脉壁开窗。

图 46.4 舌下静脉扁针开窗法

操作讨论

异氟烷吸入深度麻醉的小鼠回到正常室内空气中，一般在约 2 分钟后苏醒。麻醉期间如果血液吸入气管，会有生命危险，所以在小鼠未苏醒之前，必须有防止血液进入气管的措施，例如，用棉签清理口腔等。

第 47 章
血管横断

一、背景

被普遍称为"尾静脉横断"的小鼠手术是一个很常用的检测凝血功能的手术模型，此模型多用于有凝血功能障碍的小鼠（例如，血友病小鼠），且多用于设计凝血功能药物的药效活体检测。一般认为这个手术是单纯截断尾侧静脉，实际上截断的不仅是尾侧静脉，至少还有尾侧动脉。

若采用适宜的专业装置，可以确定尾部位置以及横断的深度，精准进行尾侧血管横断，比完全依赖手持刀片切割更快速、准确。本章介绍作者设计的专用于小鼠的尾侧血管横断器及其操作方法。该装置不但可以精确切割深度，确保完全切断尾侧动静脉，避免切断尾横动静脉，而且全部操作快速准确。

二、解剖基础

小鼠尾侧静脉左、右各一条，有同名动脉伴行（图 47.1 ～ 图 47.3）。尾侧静脉的直径远大于尾侧动脉，超出正常的动静脉直径比（图 47.2）。尾侧静脉不仅接受来自尾侧动脉的血液，更多地接受来自尾横动脉的血液。值得注意的是，两侧静脉直径和充盈状况不一定相同。

鼠尾的每一节尾椎都有尾横动脉（图 47.4）。它发自尾中动脉，走行至尾深部，连接尾侧动脉和尾背动脉，有同名静脉伴行。

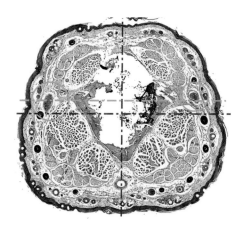

图 47.1　小鼠尾部截面组织切片。H–E 染色。红色虚线为鼠尾 3 点与 9 点，6 点与 12 点中心线。绿色虚线为尾侧动静脉连线，略高于水平中心线

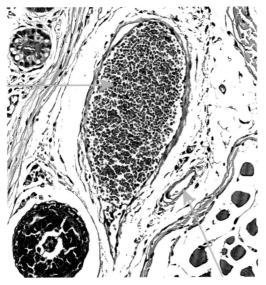

图 47.2　小鼠尾侧动静脉组织切片，H–E 染色。
上箭头示尾侧静脉，下箭头示尾侧动脉，可见尾
侧动静脉比例严重失调

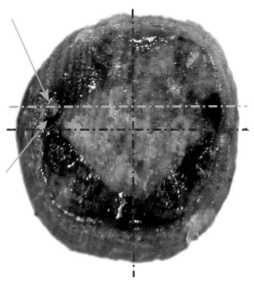

图 47.3　尾动静脉截面染料灌注照。上箭头
示尾侧静脉，下箭头示尾侧动脉

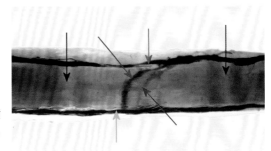

图 47.4　尾部血管乳胶灌注照。红箭头示尾横
动脉，蓝箭头示尾横静脉，黑箭头示尾椎间盘，
绿箭头示尾中动脉，紫箭头示尾侧动脉

三、器械与耗材

（1）尾侧血管横断器（图 47.5）：由尾孔板和小鼠控制器组成。

尾孔板（图 47.6）侧看为 L 形，长边为底板，上面放置小鼠控制器。短边为侧边，上
有小孔。小孔内宽外窄呈漏斗状，其中最窄部位直径为 2.7 mm，孔深 5 mm。短边中间由
上到下有垂直槽型刀片滑道，滑道下端距小孔下沿 1.8 mm。当刀片从滑道划过时，可精
准地将 2.7 mm 直径的尾部划一道 0.9 mm 深的横向切口。

尾侧血管横断器中的小鼠控制器（图 47.7）类似普通的小鼠尾静脉注射固定器，其底

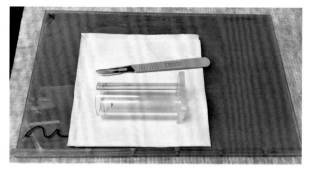

图 47.5　尾侧血管横断器、小鼠控制器和解剖刀　　　　图 47.6　尾孔板局部

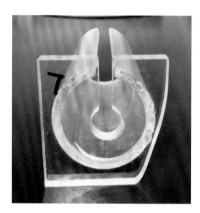

座如图 47.7 所示，其中一条为斜边，下角为 105°，当斜边着地时，小鼠左边的尾侧血管正好向上。这是根据尾部血管解剖结构设计的。

（2）其他器械与耗材：异氟烷吸入麻醉系统；21号一次性解剖刀。

图 47.7　小鼠控制器

四、操作方法

尾侧血管横断法见图 47.8。▶

1. 小鼠 2% 异氟烷吸入麻醉 5 分钟。
↓

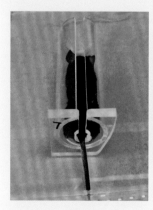

2. 将小鼠从麻醉箱中取出，立即置于小鼠控制器中。→

3. 将小鼠控制器向右侧旋转，使斜边朝下。↓

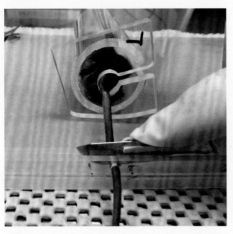

5. 连同小鼠控制器一起将小鼠转移至干净鼠笼中。↓

6. 小鼠在数十秒钟后会自行苏醒，从小鼠控制器中自行爬出。鼠尾切口后，不再触动伤口，令其自然流血。↓

4. 将鼠尾插进尾孔板内稍拉紧，鼠尾卡在直径 2.7 mm 处，用刀片在轨道中划过鼠尾，由于轨道精确控制切入的深度为 0.9 mm，所以尾侧血管被划开。→

7. 开始 24 小时计时，记录小鼠死亡时间。

图 47.8 尾侧血管横断法

操作讨论

（1）从麻醉箱中取出小鼠到操作完成，一般用时约 20 秒。

（2）尾两侧动静脉并不是分布在 3 点和 9 点处，而是约 2:30 和 9:30 部位。小鼠控制器的底座斜边是按照这个角度设计的。

（3）传统尾侧血管横断是用刀片直接切断尾侧血管。因为切开的深度很难控制，人为误差很大。有时划开位置在尾椎关节上，可以将尾部完全横断。小鼠尾侧血管横断器严格保证了尾侧切开的深度。而且方法容易掌握，操作快速、精准。

第 48 章
血管纵剪致栓

一、背景

需要采集血栓标本做病理分析，尤其是电镜分析，可以用血管内皮损伤导致血栓的模型。利用小鼠隐静脉纵向剪开形成血栓，便于手术采集，且仅用时十几分钟，快速方便。

二、解剖基础

隐静脉（图 48.1）平行胫骨，走行于小腿内侧皮下，收集部分小腿和后爪的静脉血，汇入股静脉。其表面没有肌肉和脂肪覆盖，容易暴露。去毛后酒精消毒时，可以透过皮肤隐约看到此血管。

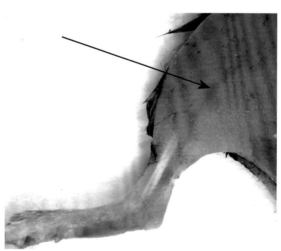

a. 透过皮肤隐约看到隐静脉，如箭头所示   b. 去皮后的隐静脉，如箭头所示

图 48.1　隐静脉

三、器械与耗材

双极电烧烙器；显微尖剪；显微尖镊；显微平镊；生理盐水；滤纸。

四、操作方法

管壁纵剪隐静脉血栓采集法见图 48.2。▶

1. 小鼠常规麻醉。小腿内侧备皮。
↓

 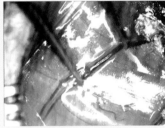 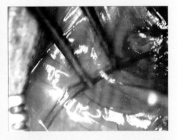

2. 用尖镊夹起隐静脉走行区皮肤，将皮肤水平剪除 5 mm 以上，暴露隐静脉。（本文为更清楚地展示操作过程，采用大面积暴露。）→

3. 用平镊的两臂分别压住 3 mm 长的一段隐静脉。→

4. 将平镊的两臂向中间挤压，使隐静脉隆起，同时用剪子准备剪切。↓

5. 当平镊两臂之间的距离小于 1 mm 时，用剪子纵向剪开隐静脉。→

6. 剪开后撤离剪子。→

7. 撤离平镊，剪口立刻出血。↓

  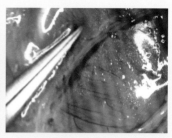

8. 用滤纸在静脉剪口附近吸取血液，以免流出体外的血液干燥结痂。→

9. 数分钟后形成的血栓即可止住流血。点滴生理盐水保持局部湿润。→

10. 15 分钟后血栓基本不再增长。↓

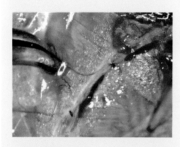

12. 剪开血栓处静脉壁，取出血栓。↓

13. 小鼠安乐死。

11. 采集血栓前，为了防止再度剪开隐静脉时，出血冲走血栓，要在血栓两侧各 1 mm 处电烧隐静脉，阻断血流。图中箭头示血管烧烙部位。→

图 48.2　管壁纵剪隐静脉血栓采集法

操作讨论

如果需要采集更长的血栓，可以在 2 分钟后延长静脉切口，重复出血 - 血栓形成过程，可望获得更长的血栓。

如发现血流过猛，可以用棉签暂时轻压隐静脉切开处远端，减少隐静脉血流。

血管手术：截流止血

第九篇

第 49 章

主动脉弓缩窄

一、背景

若动物模型中想限制血流而不完全阻断血流，可以行血管缩窄术，例如，后负荷增大的左心衰动物模型，需要缩窄主动脉弓，增加后负荷。

传统的主动脉弓缩窄操作需要开胸，接呼吸机。若能避免开胸，则可以使手术快捷许多，而且对小鼠的损伤也大大减小。本章介绍不开胸、不用呼吸机缩窄主动脉弓的方法。

二、解剖基础

主动脉弓为升主动脉和降主动脉之间的部位，有头臂干和左颈总动脉两大分支。从腹面解剖主动脉弓，依次为皮肤、胸肌、胸骨、胸腺、主动脉。主动脉弓缩窄术的选择区域在升主动脉和主动脉弓交界区域（图 49.1）。胸骨前窝位于胸骨前方，呈凹状，其后方对着主动脉弓。主动脉弓走行于纵隔中。

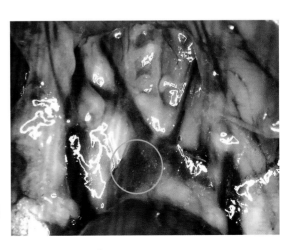

图 49.1　主动脉弓缩窄术的选择区域，如绿圈所示

三、器械与耗材

手术板；显微镜；拉钩；手术剪；显微尖镊；8-0 显微缝针；缩窄棒，为表面光滑的金属棒，可根据实验要求选择直径，长度一般为 0.5 ~ 1 cm。

四、操作方法

主动脉弓缩窄法见图 49.2。▶

1. 小鼠常规麻醉，胸颈部备皮，常规消毒。
↓
2. 小鼠仰卧于手术板上，上门齿挂线，令头后仰，垫高后颈。
↓

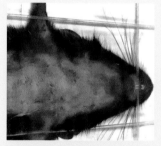

3. 双前肢外展，固定于手术板上。↓
4. 将手术板置于显微镜下。→

5. 沿正中线剪开胸骨前窝皮肤并向前延伸 1 cm，向后延伸 0.5 cm。→

6. 从中间向后将胸骨剪开 0.5 cm。↓

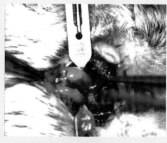

7. 安置左、右拉钩，分离颌下腺，暴露双侧胸骨乳突肌。清理胸骨前窝的浅筋膜，即可见少许胸腺组织，此为胸腺前端。如箭头所示。→

8. 用尖镊分离胸腺系膜，避免损伤胸膜，以保持胸腔负压，避免小鼠在手术中窒息。→

9. 将胸腺拉出向后翻转，此时颈总动脉和主动脉弓清楚地暴露出来。缝针从主动脉弓起始部位的下方穿过。↓

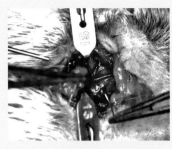

10. 缝针从另一侧拉过缝线。成为预置结扎线。→

11. 将缩窄棒顺着主动脉弓，与预置结扎线呈 90° 放置。→

12. 将缩窄棒和主动脉以死扣结扎在一起。↓

13. 匀速拔出缩窄棒。↓

14. 剪断线头，胸腺复位，闭合皮肤切口。

图 49.2　主动脉弓缩窄法

操作讨论

（1）暴露主动脉弓的长度，以能够开展手术为前提，面积越小越安全。

（2）向下不可过度剪开胸骨，以免剪开胸膜。

（3）做主动脉弓结扎前，在血管下穿线，不要用传统的镊子分离血管的方法，用缝针带过结扎线对组织影响小。也可以用特制的小器械引导结扎线穿过主动脉弓下方，但是比直接用缝针对组织的影响大。不过，由于缝针的针尖锐利，容易刺伤机体，故需要一定的操作技术。

（4）主动脉弓缩窄的程度，取决于缩窄棒的直径。术前必须先设计好缩窄棒的直径。

第 50 章
垫片断血

一、背景

    颈总动脉插管是小鼠实验常用手术。插管前必须阻断颈总动脉血流。传统断血多采用三线结扎 ㊴。为了快捷，还有缝线牵拉断血法、弹力钩断血法等，这些方法在后续章节中都有介绍。为了方便颈总动脉插管，用一个特制的三角形塑料垫片插到颈总动脉下面，即可达到止血目的，又方便支撑插管。本章介绍颈总动脉插管垫片的制作和用法。

二、解剖基础

    颈总动脉位于颈部深层，左、右各一。腹面有肩胛舌骨肌（图 50.1）由内前到外后斜行覆盖。⑮ 内侧与气管表面的胸骨舌骨肌紧邻（图 50.2）。用镊子可轻松分离颈总动脉和胸骨舌骨肌，这一段颈总动脉与颈内静脉贴附不紧，没有明显的血管分支，是便于游离操作之处。

图 50.1　镊子挑起的肩胛舌骨肌　　图 50.2　颈总动脉内侧与气管表面的胸骨舌骨肌紧邻，箭头示胸骨舌骨肌

三、器械与耗材

（1）自制的颈总动脉垫片（图 50.3）：为前窄后宽的三角形塑料片，长 15 mm，厚 0.5 mm，前端窄，翘头，后端宽 8 mm，两侧开两组凹槽。

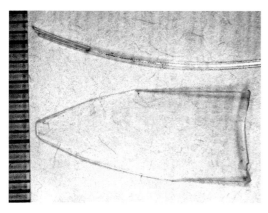

a. 垫片

b. 垫片示意图，A 为俯视图，B 为斜视图，C 为侧视图

图 50.3 自制的颈总动脉垫片

（2）插管：取外径 0.61 mm PE 10 管 2 cm，前端截成 45°，中间套 2 mm 硅胶管，后端接硅胶管并连注射器。

（3）其他器械与耗材：显微镜；颈部手术板；拉钩；29 G 针头；管镊；显微尖镊；生理盐水；组织胶水。

四、操作方法

以右颈总动脉为例介绍垫片断血颈总动脉插管法（图 50.4）。▶

1. 小鼠常规麻醉，颈部备皮。

↓

2. 仰卧于手术板上，后颈垫高，固定上门齿，弹力线限制四肢，使后肢外展。

↓

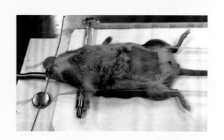

3. 暴露颈总动脉 15 ，安置手术拉钩。→

4. 以尖镊分离颈总动脉与下面的筋膜，分离长度 5 mm。→

5. 用尖镊挑起颈总动脉，将垫片由内侧插入颈总动脉下。在尖镊配合下，缓慢插入垫片，其间滴少量生理盐水润滑。↓

6. 持续插入垫片，直至颈总动脉被垫片两侧边缘阻断血流，动脉搏动消失。→

7. 将动脉近端推入凹点，如箭头所示。→

8. 再将动脉远端推入垫片另一侧凹点，如箭头所示。↓

9. 用针尖刺穿垫片上的颈总动脉远端表面血管壁。图中箭头示穿刺方向。→

10. 用管镊夹住 2 mm 硅胶套管处，将 PE 10 管经进针孔逆向插入颈总动脉。→

11. 将硅胶管前的 PE 10 管全部插入颈总动脉。↓

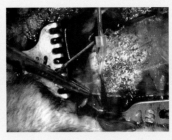

12. 用针尖粘少许组织胶水封闭进针孔，固定 PE 10 管。→

13. 撤出垫片。可见血液随着垫片撤出立刻流入动脉。→

14. 继而血液流进 PE 10 管。插管完毕。

图 50.4　垫片断血颈总动脉插管法

操作讨论

（1）颈部手术不必紧密固定四肢。此手术没有必要用绳捆、胶带粘贴，用弹力线限制肢体位置即可，这样不但加快操作速度，还不会阻碍肢端血流。

（2）本方法设计的垫片用于小鼠颈总动脉插管，同时具备断血和支撑插管两个功能。

（3）使用组织胶水免除了烦琐的三线结扎 54 。

（4）垫片前端微翘，便于将其插入颈总动脉下面和探出颈总动脉对侧。

（5）动脉血管最终要拉到垫片上的某一组凹点处固定，这是避免血管在操作时向垫片前端滑动退出。

（6）垫片上的 2～3 组凹点，可根据颈总动脉分离的长度选择。分离长度需要小于垫片某组凹点两点之间的距离，以便发挥阻断动脉血流的作用。

（7）垫片本身是弓形，有利于针刺和插管都在吻合弧面上进行，大大降低了刺穿血管的失误。

（8）垫片表面要光滑，便于血管在上面拉动，也避免粗糙面对血管的损伤。在垫片上滴少许生理盐水，有助于拉动血管。

第 51 章
缝针结扎

一、背景

在做后腔静脉血栓、血管吻合等模型时，需要封闭后腔静脉或腹主动脉的一些分支，数根腰动静脉需要做血管结扎。从腹面开腹，腰动静脉藏于后腔静脉下面，需要提起后腔静脉才能看到。而传统的结扎方法，镊子很容易损伤后腔静脉下面的这些小血管，这种状况下，使用缝针结扎更安全方便。

二、解剖基础

腰动脉有数支，发自腹主动脉，深入背侧的肌肉中，有静脉伴行，游离性小。起始位置不甚规则。当小鼠取仰卧位，打开腹腔、暴露后腔静脉时，是看不到腰动静脉的（图51.1）。用镊子提起后腔静脉，才能看到腰动静脉（图51.2）。

图 51.1 后腔静脉。左为头侧，右为尾侧，本章后各图同

图 51.2 三组腰动静脉，如箭头所示

三、器械与耗材

显微镜；显微镊；针持；8-0 显微缝线。

四、操作方法

腰动静脉缝针结扎法见图 51.3。▶

1. 小鼠常规麻醉，腹部备皮。
↓

2. 开腹，暴露后腔静脉。→

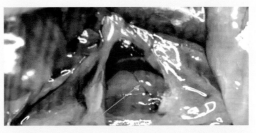

3. 撕破并提起腹主动脉表面覆盖的腹膜壁层，连同后腔静脉一起掀起，可见其下面的腰静脉。箭头示腰静脉。↓

4. 左手持镊子保持牵拉腹膜，暴露腰静脉。右手持针持夹住缝针从腰静脉一侧进针。↓

5. 缝针前半部分穿过腰静脉时，左手持镊子转到缝针前，将腰肌轻度下压，清理出针行走的空间，以便缝针继续穿过血管下方。再将针持转而夹持缝针前部。↓

6. 用镊子挡住后腔静脉，配合针持将缝针沿着针弧度拉出。→

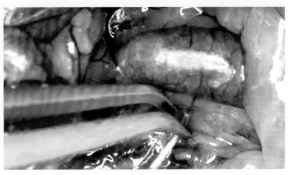

7. 顺利将缝线拉过血管右侧。镊子保持挡住后腔静脉，保证其在拉线时不移动。↓

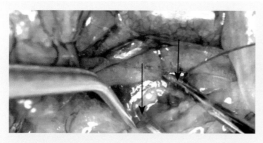

8. 拉线时要求缓慢、匀速、平滑，所以用针持两头压住血管两端的缝线（图中两箭头所示），保证拉线的方向和角度。→

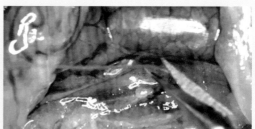

9. 由于血管极细，很容易被拉线切断，故拉线不可过长，只要够打结的长度，就停止拉线。剪断一端过长的缝线。↓

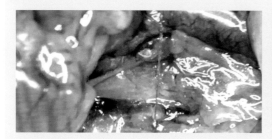

10. 做 2-1-1 打结。→

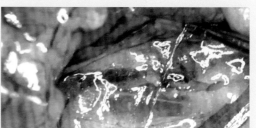

11. 打结时拉线平直。因为腰静脉隐藏在后腔静脉后面，看不到结扣，感觉够紧即可，不要牵拉结扣。↓

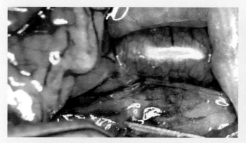

12. 打结结束，剪断线头。→

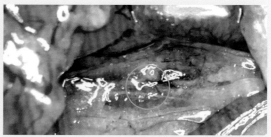

13. 后腔静脉复位。图中绿圈示打结留下的线头。

图 51.3　腰动静脉缝针结扎法

操作讨论

　　腰动静脉缝针结扎法的要点是：最大限度地减少对腰动静脉的牵拉。因其游离度小，勉强牵拉会导致血管被撕断。

　　如果实验结束时需要恢复腰动静脉血流，要结扎活扣。

第 52 章

管线断血

一、背景

小鼠体形小，手术空间受限，有时需要在狭小空间临时阻断血流，而一般血管夹宽度相对较大，不易安置；用缝线做临时结扎，不方便反复阻断和恢复血流。若采用血流阻断管，可以在狭小的空间内很方便地随时阻断和恢复血流。这种方法适用于腹主动脉等较大血管，例如，在腹主动脉和后腔静脉上做器官移植时，狭窄的区域不允许安置血管夹，可以考虑用管线断血法。

二、解剖基础

腹主动脉分支很多，常用的手术区域在左肾动脉分支与荐中动脉分支之间。暴露腹主动脉后，这一段可见髂腰动脉、生殖动脉等分支，腰动脉需要提起后腔静脉才能看到。做腹主动脉下穿线时必须注意避免损伤腰动静脉。

三、器械与耗材

血流阻断管 ⑨；尖镊；显微尼龙缝线。

四、操作方法

腹主动脉管线断血法的操作见图 52.1。▶

　1. 小鼠常规麻醉，腹部备皮。
　↓

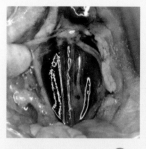 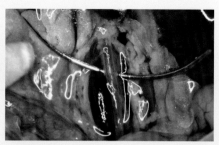 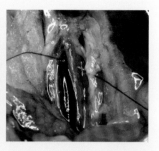

2. 沿腹正中线开腹 ⑰，暴露腹主动脉 ⑱。→

3. 腹主动脉下缝线。→

4. 将一条缝线从动脉下带过。↓

 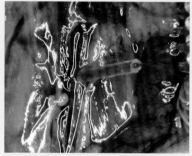 

5. 缝线两头从血流阻断管尾端穿入，头端拉出。⑨ →

6. 轻轻拉紧缝线，将血流阻断管尾端推抵腹主动脉表面。→

7. 拉紧缝线，将一小截腹主动脉拉入血流阻断管，如图中箭头所示。↓

 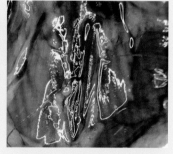

8. 然后将两条线头分别卡入血流阻断管头端纵切缝中。↓

9. 直至动脉轻度向血流阻断管尾端内弯曲即可，此时血液被临时阻断。→

10. 需要恢复血流时，将缝线拉直，脱离头端纵切口，提起血流阻断管，动脉自动复位，血液流动恢复。

图 52.1　腹主动脉管线断血法

操作讨论

不能完全阻断血流的原因往往是显微尼龙缝线拉得不够紧或松弛。

第 53 章
血管电凝

一、背景

电凝切断血管比结扎后剪断血管快速、干净（无线头存于体内）。

小鼠血管电凝常用于两类血管：游离血管和固定血管。由于两类血管的直径不同，选择的电流强度和电凝方式也不同。一般血管越细小，电凝切断越容易。动静脉均可行电凝切断。伴行的动静脉中，静脉壁一般明显薄于动脉，因而，静脉尤其是大静脉电凝容易引起出血。

本章将介绍三类血管的电凝方法：① 游离小血管，如躯干部皮肤穿支血管；② 游离中等血管，如股动静脉皮支（腹壁浅动静脉）；③ 固定大动脉，如股动脉。

二、解剖基础

小鼠躯干部皮肤血管（图 53.1）分布左、右对称，两侧各有数条纵向走行的皮肤血管。血管分支非常丰富，呈树枝样分布（图 53.2）。后腹壁动脉同时有多条向皮肤发出的皮肤穿支，穿过浅筋膜层，与皮肤血管吻合（图 53.3）。 从腹中线切开皮肤并向侧面掀起，即

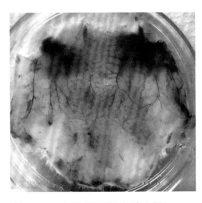

图 53.1 小鼠躯干部皮肤血管

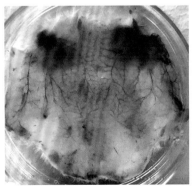

图 53.2 血管分支呈树枝样分布

可见到其两侧对应的皮肤穿支血管。

股动脉皮支发自股动脉中部，走行于浅筋膜，进入腹股沟脂肪垫；发出分支后，穿出脂肪垫，进入后腹部皮肤；有同名静脉伴行（图 53.4）。

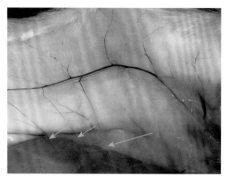
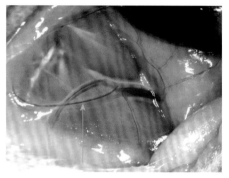

图 53.3 后腹壁动脉发出的皮肤穿支与皮 图 53.4 股动静脉皮支，如箭头所示
肤血管吻合，如箭头所示

图 53.5 股动脉烧烙点，如箭头所示

股动脉是髂外动脉的延伸，以腹股沟韧带为分界，终于膝关节附近的腘动脉和隐动脉起始点；中部有股动脉皮支和肌支发出 ⑲。烧烙点多选择在皮支和腹股沟韧带之间（图 53.5）。

三、器械与耗材

双极电烧烙器；显微尖镊；皮肤镊；显微剪。

四、操作方法

（一）后腹壁动脉皮支电凝法（图 53.6）▶

1. 小鼠常规麻醉，后腹部备皮。
↓
2. 沿腹中线切开，暴露股动脉。→

3. 用皮肤镊轻轻夹起皮肤切口，将皮肤穿支拉直。此血管经常在拉皮时无意中被撕断，发生出血。↓

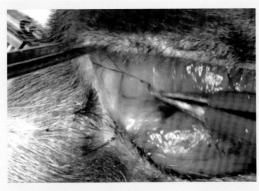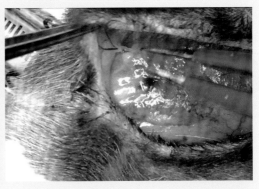

4. 将烧烙器电流调到适宜强度，用电凝镊子轻轻点夹血管，不要碰到周围任何组织，以免引起不必要的烧伤或小鼠肢体的突然抽搐。→	5. 第一次用电凝镊子轻轻触及血管，第二次点夹血管停留 1 秒，反复数次。当血管变得残缺不全时，用剪子剪断。

图 53.6　后腹壁动脉皮支电凝法

（二）股动静脉皮支（腹壁浅动静脉）电凝法（图 53.7）▶

1. 小鼠常规麻醉，腹部备皮。
↓
2. 沿腹中线划开皮肤。
↓

3. 暴露股动静脉皮支，如图中箭头所示。 ↓ 4. 将烧烙器电流调到适宜强度，用皮肤镊夹起皮肤切口边缘，使股动静脉皮支悬空。→	5. 第一轮电烧：轻轻触及血管数次。→	6. 第二轮电烧：夹血管停留 1 秒，重复数次。此时血管已经变干，呈黄色。↓

  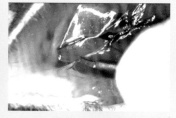

7. 第三轮电烧：夹住血管数秒。　　8. 反复几次，血管变焦黄、干　　9. 用剪子在烧焦区略靠近远端
→　　　　　　　　　　　　　　　脆。→　　　　　　　　　　　　处剪断血管。↓

10. 剪断后没有出血，血管回缩。图中箭头
示剪断的血管两端。

图 53.7　股动静脉皮支（腹壁浅动静脉）电凝法

（三）股动脉电凝法（图 53.8）▶

1. 小鼠常规麻醉、备皮。
↓
2. 沿腹正中线切开皮肤。
↓
3. 暴露股动脉。
↓

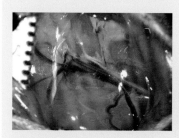 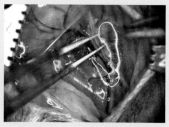 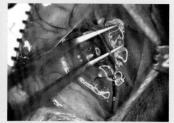

4. 用水分离股动静脉。↓　　　　6. 将尖镊双头由股动脉下方穿　　7. 将尖镊张开 3 mm，用镊子两
　　　　　　　　　　　　　　　　过，挑起血管。→　　　　　　臂先挑起近端股动脉，阻断顺向
5. 调整烧烙器电流到适宜强　　　　　　　　　　　　　　　　血流；再挑起远端股动脉，阻断
度。→　　　　　　　　　　　　　　　　　　　　　　　　　　逆向血流。如此操作顺序使被阻
　　　　　　　　　　　　　　　　　　　　　　　　　　　　　断血流的动脉段内存血较少。↓

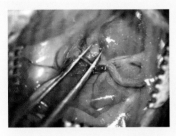  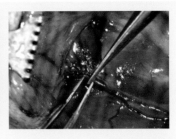

8. 用烧烙器两头靠近动脉来回烧烙，以电火花烧烤动脉表面数秒钟，使血管表面干燥，处理长度不小于 2 mm。↓

9. 于血管中段轻轻接触，来回烧烙数秒钟，使血管变黄。→

10. 烧烙头快速反复夹持血管，来回烧烙数秒钟，使血管变扁、变干。↓

11. 夹紧烧烙数秒钟，使血管完全变硬，呈深黄色。→

12. 于烧烙区中间略偏远端用剪子剪断。↓

13. 剪断后血管弹性后缩，完成电凝。图中垫白纸显示血管断端。

图 53.8　股动脉电凝法

操作讨论

（1）烧烙中出血。

原因：① 电流强度过大过高，猛然烧断血管，导致损伤端面大量出血，这在大静脉电凝中尤其容易发生。

② 烧烙头沾上组织，离开时撕裂血管。

③ 镊子挑起过高，血管紧张，在未完成烧烙时，即被拉断。

（2）烧烙中小鼠肢体抽动，造成各种意外（出血、组织拉伤等）。

原因：烧烙器边缘接触神经或肌肉。

措施：将烧烙器两臂套上塑料管，仅露出 2 mm 烧烙头，以尽量避免烧烙器无意间碰触其他组织。

第54章
传统结扎

一、背景

　　股动静脉结扎常用于插管过程中。传统的方法是用镊子分离数毫米动静脉血管，置三条结扎线：插管近端结扎线、中间预置结扎线和远端临时结扎线，因此，该方法也称为三线结扎法。

　　作为外科手术中的常规血管结扎方法，在小鼠中也可以使用，以前曾广泛用于小鼠股动脉、隐动脉、颈总动脉等较大的血管上。随着小鼠专业操作技术的发展，传统临床方法的使用率日益下降。本章介绍传统结扎法，仅作为与专业的小鼠操作方法之比较，没有推荐读者沿用此传统方法之意。

二、解剖基础

　　股动脉是髂外动脉越过腹股沟韧带的延伸，其远端为腘动脉和隐动脉的起始点，其主要分支为旋髂浅动脉、股动脉肌支和皮支（腹壁浅动脉）。股动脉全长如图 54.1 绿线所示。

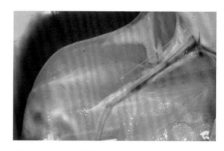

图 54.1　股动脉

三、器械与耗材

　　腹部手术板；皮肤剪；尖镊；缝线（结扎线）；纸胶带。

四、操作方法

　　以右股动脉顺向插管为例介绍股动脉传统结扎法（图 54.2）。▶

1. 小鼠常规麻醉，腹部备皮。

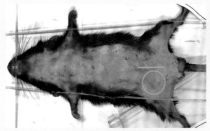

2. 仰卧于手术板上，前肢用弹力线拦住即可，后肢用纸胶带固定。图中绿线示开腹部位，绿圈示手术部位。↓

3. 沿腹中线切开后腹部皮肤。→

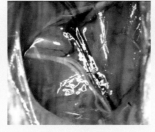

4. 向右分离皮肤切口，暴露股动静脉全长。→

5. 撕开股动静脉血管筋膜。↓

6. 左镊向外侧牵引结缔组织，右镊分离股动脉与股神经。→

7. 左镊向内侧牵引结缔组织，右镊分离股动静脉。→

8. 在分离股动静脉之后，右镊由内侧向外侧从动脉下穿过。↓

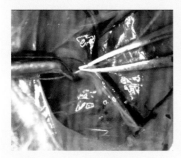

9. 左镊夹住结扎线中部递给右镊。→

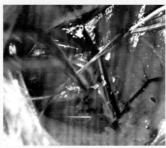

10. 右镊将线呈环状从股动脉下拉过 1 cm。→

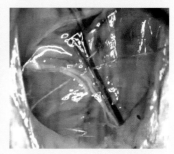

11. 剪断线环，形成两根结扎线。↓

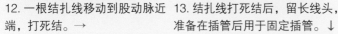

12. 一根结扎线移动到股动脉近端，打死结。→

13. 结扎线打死结后，留长线头，准备在插管后用于固定插管。↓

14. 另一根结扎线移到股动脉中部，作为一根预置结扎线，准备插管后将血管和插管结扎在一起。↓

15. 同样方法，在股动脉远端穿过第三根结扎线，打活结，用于插管前阻断血流。插管后开放，然后将在血管内的插管与血管一起结扎固定。这样有三根结扎线固定插管。

图 54.2　股动脉传统结扎法

操作讨论

（1）传统的镊子拉线方法中，镊子通过血管下方，对血管的扰动颇大，破坏了血管与其下方结缔组织的联系，不利于插管操作。所以，小鼠专业操作直接用缝针穿过血管下方。

（2）当需要在同一条血管上穿过相邻的两根结扎线时，不必分两次用镊子穿过血管下面拉线，可以一次将结扎线的中段拉过血管，然后剪断就得到两根线。

（3）小鼠血管细，管壁薄，并非只能用结扎线才能达到阻断血流、固定插管的效果。例如，用头部锐利的插管可以直接刺入血管，只要插管的直径选择得当，其可撑满血管腔，不用结扎依然可以使插管稳定。另外，插管后用组织胶水封闭、固定插管与血管，可以不用结扎线固定。有的部位还可以用弹力钩、垫片、管线和拉线阻断血流，同样不需用结扎线。

第 55 章

弹力钩断血

一、背景

弹力钩断血是代替结扎断血的简便方法，可用于较大动脉血管的临时断血，其中最适宜的血管是颈总动脉。如果要在颈总动脉上做插管，用垫片断血要比用弹力钩更方便些。但是弹力钩的优点是对周围组织的损伤较垫片小，因为使用弹力钩不需要大面积分离颈总动脉。

有些血管不容许大面积分离，例如，股动脉，因其中部有股动脉皮支和肌支，不能用垫片，这时也可以考虑使用弹力钩。

本章以颈总动脉断血为例，介绍弹力钩的用法。

二、解剖基础

详见"第 15 章 颈总动脉暴露" ⑮ 。

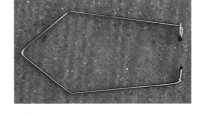

a. 弹力钩

三、器械与耗材

手术板；显微镜；拉钩；显微尖镊；弹力钩（图 55.1），用弹力不锈钢丝制成。

四、操作方法

颈总动脉弹力钩断血法见图 55.2。▶

b. 安装在颈总动脉上的弹力钩

图 55.1 弹力钩

1. 小鼠常规麻醉，术区备皮。
↓

2. 将小鼠仰卧安置于手术板上，垫高后颈，外展前肢，挂前门齿使头后仰，移至显微镜下。
→

3. 暴露右颈总动脉。图中示镊子挑起的右颈总动脉。→

4. 用镊子从暴露区的远端到近端分离颈总动脉。
↓

5. 镊子合口，准备将弹力钩的近心钩先钩住颈总动脉。→

6. 近心钩配合镊子钩住颈总动脉的近端。→

7. 将镊子移向颈总动脉的远端。
↓

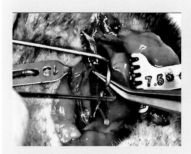

8. 用镊子挑起颈总动脉的远端。
→

9. 远心钩配合镊子钩住颈总动脉的远端。→

10. 撤出镊子。↓

11. 缓慢松开弹力钩，使弹力钩撑紧颈总动脉。完成弹力钩的安装，此时血管搏动消失。→

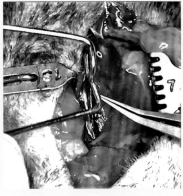

12. 操作完成后卸下弹力钩时，首先把弹力钩两臂向中间压，使近心钩和远心钩接近。→

13. 下压弹力钩，令颈总动脉远端先脱钩。↓

14. 然后近心钩向远端移动，脱离颈总动脉。→

15. 图为脱离后的状况，血管恢复搏动。

图 55.2　颈总动脉弹力钩断血法

操作讨论

在弹力钩的制作中应注意以下环节：

（1）弹力钩的大小应根据不同的使用部位来具体设计。

（2）弹力钩的弹性不宜过强，能够达到止血目的即可，弹性过强容易撕断血管。

（3）弹力钩的两端必须光滑，以免损伤血管。

第56章
拉线断血

一、背景

阻断血流的方法有多种，用到的器材也多样，例如，缝线、线管、血管夹、撑开器、双极烧烙器、垫片等。缝线的用法多样，在本章介绍的方法中，就是以缝线为拉线，通过牵引达到临时阻断一端或两端血流的目的，该方法较结扎等传统方法更为快捷，尤其适用于颈总动脉这类大血管。

二、解剖基础

颈总动脉远端邻近二腹肌，近端邻近胸肌，外侧有胸骨乳突肌，腹面有锁骨舌骨肌，内侧有胸骨舌骨肌（图56.1）。有众多肌肉环绕其周围，便于利用拉线阻断血流。⑮

三、器械与耗材

显微镜；显微尖镊；血管夹（图56.2）；7-0显微缝线。

图 56.1　颈总动脉及其周围的肌肉组织。红箭头示被拉起的胸骨乳突肌；黑箭头示二腹肌；绿箭头示胸骨舌骨肌；蓝箭头示胸肌

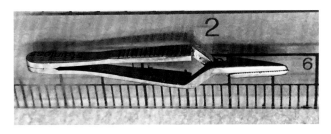

图 56.2　血管夹

四、操作方法

颈总动脉拉线断血法见图 56.3。▶

1. 小鼠常规麻醉，颈部备皮。
↓

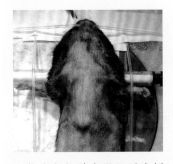

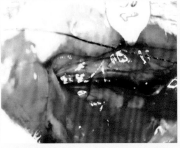

2. 将小鼠仰卧安置于手术板上，垫高颈部，挂上门齿，外展双前肢，置于显微镜下。→

3. 暴露颈总动脉。备好 10 cm 缝线。→

4. 右镊从暴露区的颈总动脉近端下方穿过。↓

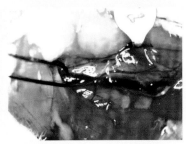

5. 用左镊将缝线的中央部位递给右镊。→

6. 将 1/2 长度的缝线拉过血管的另一侧。→

7. 将四条线合一，引向心脏方向。↓

251

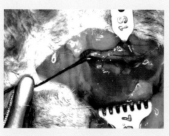

10. 手术完毕后，放开血管夹，血流立刻恢复。↓

11. 抽出缝线，缝合皮肤切口。

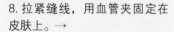

8. 拉紧缝线，用血管夹固定在皮肤上。→

9. 颈总动脉血流被拉线阻断。→

图 56.3　颈总动脉拉线断血法

操作讨论

拉线的松紧度，以能有效阻断血流为原则，可通过观察颈总动脉的搏动状况来判断。拉线后血管停止搏动，说明拉线已经成功达到断血效果，在此前提下，尽量放松拉线。

第 57 章
牵引断血

一、背景

小鼠后肢缺血等模型需要阻断腘动脉血流。从内侧切开后肢皮肤，只能暴露股动脉和隐动脉。若想暴露腘动脉，需要分离肌肉和筋膜，而结扎或烧断腘动脉则更为困难。为了避免因暴露深部血管而过多损伤组织，本章介绍牵引断血法。在本方法中，通过缝针拉线，帮助生成第二条牵引线，然后双线向两个方向牵引，方便了结扎或电烧腘动脉。

二、解剖基础

股动脉远端分成隐动脉和腘动脉（图 57.1），腘动脉可以看作是股动脉的延续。在股动静脉末端部位，分开股内侧肌和长收肌，剥开腘静脉可以发现下面的腘动脉（图 57.2）。

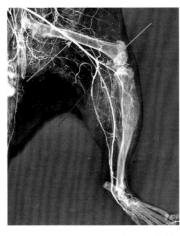

图 57.1　小鼠腿部血管显微造影。绿箭头示腘动脉，红箭头示隐动脉，蓝箭头示股动脉

图 57.2　血管灌注解剖。分离肌肉和腘静脉，显示腘动脉，如箭头所示

253

三、器械与耗材

手术板；显微镜；双极电烧烙器；显微尖镊；7-0 显微缝线；纸胶带。

四、操作方法

腘动脉牵引断血法见图 57.3。

1. 小鼠常规麻醉，术区备皮。
↓

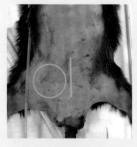

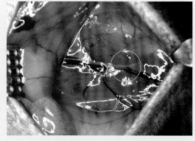

2. 将小鼠仰卧安置于手术板上，四肢用纸胶带固定，其中，双后肢向外后方拉直固定。术侧后肢垫高。图中标记直线示皮肤切口位置，绿圈示暴露区域。↓

3. 于腹中线做皮肤开口。↓

4. 暴露股动脉。→

5. 拉钩向后牵拉，暴露股动脉直至隐动脉起始处。绿圈示隐动脉起始处。→

6. 去除隐静脉上方的结缔组织，将隐神经与隐动静脉分离后，推向内侧，暴露腘动静脉。↓

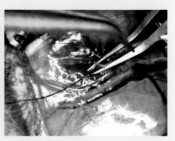

7. 缝针从腘动脉下方穿过。→

8. 带过缝线（蓝线）。→

9. 牵引第一根缝线，用镊子穿过远端腘动脉下方，夹起第二根缝线（黑线）。↓

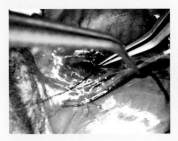

10. 引过第二根缝线。→

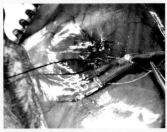

11. 第一根缝线牵向内侧（蓝线），第二根缝线牵向外侧（黑线）。→

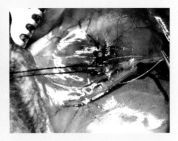

12. 两线拉紧，提高腘动脉，使其离开肌肉悬空。两线间隔至少 1 mm。↓

13. 用血管钳固定内侧牵引线，腾出右手使用烧烙器。↓

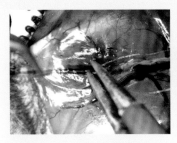

14. 用烧烙器数次轻点两线之间的腘动脉，然后夹住烧焦。→

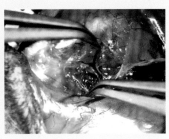

15. 在烧焦的两结之间剪断腘动脉。查验无误，关闭皮肤切口。

图 57.3 腘动脉牵引断血法

10

血管手术：血管开窗

第十篇

第 58 章
血管开窗概论

小鼠血管开窗类似于血管切开，但又不尽相同。血管开窗对血管的损伤更大，其目的大多是为了插管、血管吻合和放血等。

一、血管开窗原则

1. 用于插管的开窗

在血管插管手术中，开窗插管比单纯血管切开插管容易些。该方法适用于血管较大，并且不准备再拔出插管的实验。

（1）剪开血管的方法（图 58.1）：向插管方向和反插管方向分别斜向下 45°剪开血管，两个切口在剪切终点汇合，剪下一块菱形血管壁。

图 58.1　血管剪切开窗示意。左，侧视开窗效果；中，俯视开窗效果；右，实际窗口形态，由于血管有弹性，剪切后的实际窗口应近似椭圆形

（2）剪开血管直径长度：一般小于管径的 1/2。剪开太少，不利于插管；剪开太多，容易在插管时撕断血管；窗口太大，导致插管后导管松弛。

2. 用于血管端侧吻合的开窗

（1）要求切除血管端口的部分外膜，以避免外膜嵌入切口。

（2）要求切口边缘整齐，以利于缝合。

（3）剪开大小按照血管截面要求设计。

3. 用于放血的开窗

开窗式放血，可以避免血管切口黏合，出血比单纯的血管切开稳定，也避免了血管完全切断后的回缩卷曲。

（1）在出凝血实验中的放血操作，要准确选择特定的血管及切开位置。

（2）严格规范血管开窗的面积。

（3）精确控制小鼠体温、体位、血压、局部湿度等一系列影响血流的条件。

二、血管开窗方法

（1）剪切法：最为常用。

（2）咬切法：利用特殊工具一次完成精确开窗。用于比较固定的血管，例如，微咬骨钳咬切舌下静脉用于出凝血实验。

（3）吊线法：利用缝线吊起血管壁，使剪切操作空间更大，方便开窗。用于位置较深的血管，例如，后腔静脉开窗用于器官移植时的血管端侧吻合手术。

（4）针挑法：缝针和剪子合作，一次完成开窗。用于较大的静脉不够充盈时的开窗。例如，后腔静脉开窗用于器官移植时的血管端侧吻合手术。

（5）针刺法：当细小的血管难以剪切时，用针头刺穿血管，再扩大进针孔完成开窗。例如，股动脉皮支插管前的开窗。

第 59 章

咬切开窗

一、背景

在制作损伤血管出血模型时，为了避免单纯切开的血管伤口断端再次粘连，一般采用切除一段血管的方法，但是血管被完全切断后会发生回缩，有时回缩的血管断端卷在一起，阻塞切口，影响出血。在出凝血模型手术造模时，为了避免血管开口粘连和血管回缩，可采用切除部分血管壁的血管开窗法。开窗的关键是切除血管壁面积的精确性。采用特殊工具咬切血管前壁的特定位置和面积，是精确去除部分血管壁的有效方法。此方法适用于相对固定的血管。本章以舌下静脉为例，介绍血管咬切开窗法。

二、解剖基础

成鼠舌头拉出口外可达 7 mm（图 59.1）。舌腹面黏膜表面无味蕾，紧贴黏膜层下有舌下静脉（图 59.2，图 59.3），左、右各一，始于接近舌尖 1 mm 处，直至咽部。

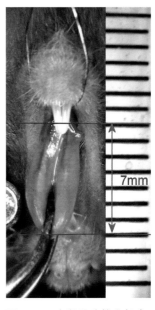

图 59.1　小鼠舌头拉出长度

261

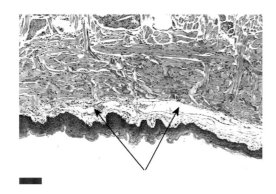

图 59.2 小鼠舌侧位组织切片，H-E 染色。箭
头示舌下静脉

图 59.3 舌下静脉红色染料灌注照。箭头
示左、右舌下静脉

三、器械与耗材

麻醉箱；显微镜；弯平齿镊；开口器 ⑫；棉签；微型咬骨钳

（图 59.4），口宽 0.5 mm。

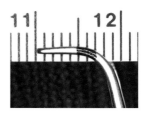

图 59.4 微型咬骨钳侧面

四、操作方法

舌下静脉咬切开窗法见图 59.5。▶

1. 小鼠异氟烷吸入麻醉。
↓

2. 迅速从麻醉箱中取出小鼠，仰卧安置在开口器上。头
向操作者，安装上、下门齿挂钩，拉开下颚。↓

3. 右手持镊子横向夹住舌尖，尽量将舌头拉出口外。↓

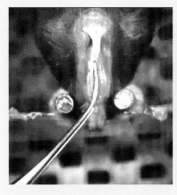  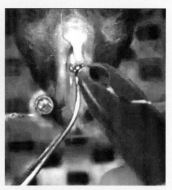

4. 左手持镊子纵向夹住舌中央，使舌肌肉在镊子两侧隆起，而两侧的舌下静脉正好在隆起的最高线上，便于用咬骨钳咬切舌下静脉。→

5. 选择左舌下静脉靠近舌根部位，以微咬骨钳咬下 0.5 mm 血管，形成一个无法自动复合的血管窗口。→

6. 如果需要更大的出血量，可以进行双侧咬切。图示左舌下静脉已经咬切完毕，开始出血。立刻进行同一水平位置右舌下静脉的咬切。↓

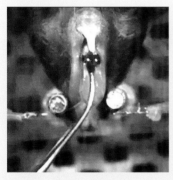 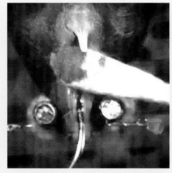 

7. 完成双侧咬切，两个血管开窗出血迅速融为一体。→

8. 用棉签蘸除血液，以免血流入气管，造成小鼠死亡。→

9. 暂时清理流血。↓

10. 马上将小鼠从开口器上取下。把小鼠从麻醉箱中取出到手术完成，应该在 50 秒左右，恰好小鼠醒来，度过麻醉期间误将血液吸入气管的危险期。

图 59.5　舌下静脉咬切开窗法

操作讨论

（1）舌下静脉开窗的出血量因位置而异（图 59.6），靠近舌尖的小口径创伤比靠近舌根部的大口径创伤出血为多，因为舌的活动度以舌尖部为大，凝血条件不佳。

图 59.6　舌中部咬切后状态

（2）清醒后的小鼠会将舌下静脉伤口流出的血液吞下，不会吐出，也不会吸入气管，因此会出现排黑便的现象。

（3）在做凝血实验时，小鼠需要长时间麻醉，多用注射麻醉。为了避免切口干燥结痂，流加微量生理盐水润湿创面（图 59.7）。水流内有血丝，可以确认出血的存在。

（4）舌下静脉血管咬切开窗，要求仅仅咬切静脉前壁，不涉及静脉后壁和其他深层血管。

a. 咬切后少量出血

b. 数分钟后变成微量出血

c. 停止出血

图 59.7　在生理盐水润湿状态下，舌下静脉咬切后的少量出血状况

第 60 章

剪切开窗

一、背景

血管切开大多为了插管、血管吻合、放血等目的。目的不同，切开的方法各异。血管吻合开窗的传统方法是剪切开窗。由于小鼠体形小，这个方法只能用于较大血管。小鼠身体中大血管之一是后腔静脉，本章以后腔静脉为例，介绍血管剪切开窗法。

二、解剖基础

后腔静脉（图 60.1）大而薄，位于背侧腹膜外，从左、右髂总静脉汇合处起始，前行至横膈膜。首先有骶中静脉由背面汇入，陆续有腰静脉、生殖静脉、髂腰静脉和肾静脉先后汇入，最后是肝静脉和膈下静脉汇入。腰静脉约为 5 支，从背侧进入后腔静脉，数量和分布不甚规则。将后腔静脉提起，才能看到来自腰肌深处的腰静脉（图 60.2）。

图 60.1　后腔静脉

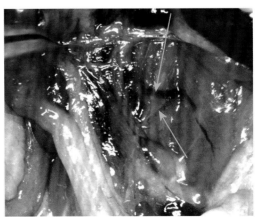

图 60.2　用镊子提起后腔静脉，暴露其背面的一组腰动静脉。上箭头示腰静脉，下箭头示腰动脉

后腔静脉开窗前，必须阻断所有开窗区域的静脉分支，尤其是隐藏在背面的腰静脉。腰静脉的结扎方法，详见"第 51 章 缝针结扎" ㉛ 。

三、器械与耗材

血流阻断管；显微剪；显微尖镊。

四、操作方法

后腔静脉剪切开窗法见图 60.3。

1. 小鼠常规麻醉，腹部备皮。
↓

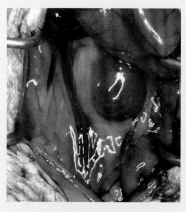 

2. 开腹暴露后腔静脉 ⑰ 、 ⑱ 。↓
3. 采用管线断血法 ㉒ ，用塑料管线在左肾静脉分支后方阻断后腔静脉血流。用结扎线阻断后腔静脉远端血流。→

4. 用缝针结扎法阻断腰静脉血流 ㉛ 。图为局部断流后的后腔静脉。↓

5. 用镊子夹起后腔静脉前壁。→

6. 用剪子以 45° 斜向将后腔静脉剪开一半，此时会有少量血液流出。↓

7. 如果流出的血液尚不影响剪口观察，再从镊子的另一面以45°斜向剪开后腔静脉管径的1/2，第二个剪口前端到达第一个剪口前端。此时镊子夹持的是两次剪下的一块菱形血管壁。↓

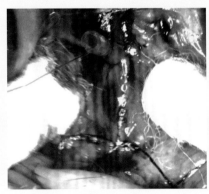

a. 椭圆形窗口

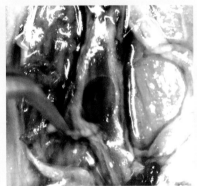

b. 圆形窗口

8. 清理残血，用棉签向两侧牵拉后腔静脉，可见菱形切口因血管弹性呈近乎椭圆形（a）或圆形（b）。

图 60.3 后腔静脉剪切开窗法

操作讨论

（1）如果有任何一条通往后腔静脉结扎区域的静脉没有彻底结扎，例如，隐藏在背面的腰静脉，窗口会不断渗出血液，因此，必须检查所有静脉的结扎状况。

（2）因为手术空间狭窄，临时阻断后腔静脉血流不便用血管夹，以免开窗区域过小。后腔静脉两端的断血方法可以选择管线断血法或结扎法，或如本章用的混合法。

（3）在血管上以 45° 剪两次，将血管剪出菱形窗口。其中有一次剪切角度操作起来比较顺手，另一次必然困难一些。将顺手的角度作为第二次剪切，这样更容易调整第一次剪切造成的剪切失误，例如，角度和长度的不适当等。

第61章

吊线开窗

一、背景

大静脉做端侧或侧侧吻合时，需要在静脉壁上开窗，开窗的方法有多种，各有利弊。吊线开窗的长处是容易精准控制窗口大小，缺点是操作步骤较繁。

吊线开窗除了用于血管吻合，还可用于血管插管，只是所用技术与前者稍有不同。前者需要从吊线的左、右侧各剪一次，剪出一个菱形血管壁窗口；后者只剪开一侧，利用吊线拉开血管壁，方便插管。本章以股静脉为例，介绍吊线开窗法。

二、解剖基础

股静脉（图61.1）分为近端和远端。近端从腹股沟韧带到股静脉皮支的汇入点，远端从股静脉皮支到隐静脉汇入点。由于近端较远端粗大，故多选择在近端开窗。⑲

三、器械与耗材

显微镜；显微尖剪；10-0显微缝针；8-0显微缝线。

图 61.1 股静脉。标志线左部为近端，右部为远端

四、操作方法

股静脉吊线开窗法见图 61.2。▶

1. 小鼠常规麻醉，后腹部备皮。
↓

2. 显微镜下仰卧分腿体位，术侧大腿垫高 1 cm。
↓

 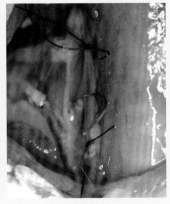 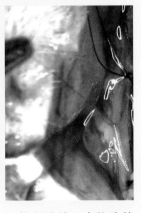

3. 沿腹中线切开皮肤，暴露股静脉，安置拉钩 ⑲ 。↓

4. 用 8-0 缝线活扣结扎股静脉近段两端，先结扎近端，后结扎远端，临时阻断血流。→

5. 用 10-0 显微缝针于股静脉上缝一针，打结。→

6. 拉紧缝线，令静脉抬起。↓

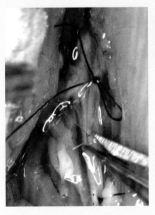 

9. 如果做血管吻合，需要将另一侧的血管壁以反向 45° 剪到第一剪的前端，剪下一块菱形的血管壁，即完成血管开窗。

7. 用显微剪将抬起的静脉部分剪开管径的 1/2。→

8. 拉起吊线，非常方便插管。→

图 61.2 股静脉吊线开窗法

操作讨论

（1）步骤4中先结扎近端的目的是为了结扎后静脉更加充盈，便于缝线操作。

（2）本方法也适用于后腔静脉，图61.3即为后腔静脉中的吊线开窗。

图61.3　后腔静脉中的吊线开窗

第 62 章

针挑开窗

一、背景

　　大静脉做端侧和侧侧吻合时，需要在静脉壁上开窗，在众多方法中，显微剪配合显微缝针的针挑开窗方法非常快捷，但是技术要求较高。本章以股静脉为例，对这个方法加以介绍。

二、解剖基础

　　股静脉以肌支和皮支（腹壁浅静脉）为界线，分为近端和远端。近端（图 62.1）管径较粗大，故多选择此处做血管开窗。⑲

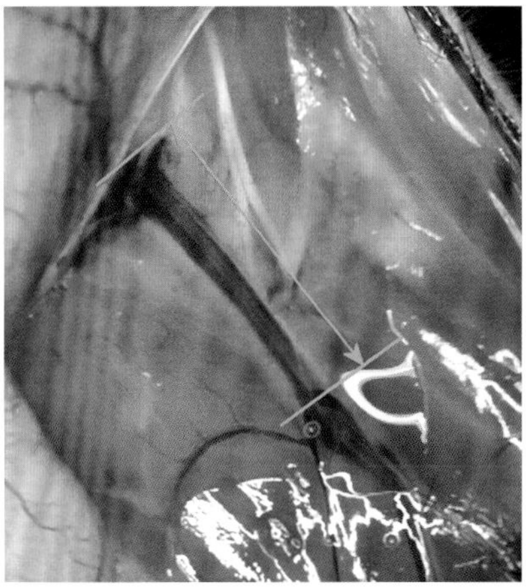

三、器械与耗材

　　显微镜；显微尖剪；拉钩；10-0 显微缝针；8-0 显微缝线；显微针持。

图 62.1　股静脉近端

四、操作方法

　　股静脉针挑开窗法见图 62.2。▶

1. 小鼠常规麻醉，腹部备皮。

　↓

2. 显微镜下取仰卧体位，术侧后肢垫高 1 cm。

　↓

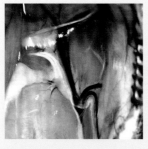  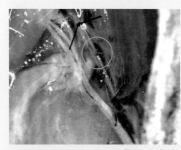

3. 暴露股静脉，安置拉钩 ⑲。↓

4. 用8-0缝线结扎开窗部位两端股静脉，先结扎近端，后结扎远端，临时阻断血流。→

5. 在股静脉截面1/3位置，以10-0缝针横向进针，停于中途。→

6. 用针持夹住缝针，将剪子两刃分别伸到缝针下的针尖和针尾侧，剪子的纵轴与缝针的纵轴垂直。↓

7. 将剪子紧贴缝针剪除缝针挑起的血管壁部分，完成静脉开窗。圈示股静脉开窗处。→

8. 局部放大图示静脉开窗。箭头示血管窗口。

图62.2 股静脉针挑开窗法

操作讨论

（1）这项技术不但可以用于大血管，例如，舌下静脉、后腔静脉等，也可以用于其他特定的组织器官，例如，小鼠眼球壁开窗等 ❸ 。

（2）先结扎股静脉近端的目的是在缝针前，使股静脉更加充盈，易于操作。

血管手术：血管插管

第十一篇

第 63 章

血管插管概论

小鼠实验操作中，血管插管是一项重要内容。插管的方向分为两种：逆血流方向和顺血流方向，前者称为逆向插管（简称"逆插"），后者称为顺向插管（简称"顺插"）。小鼠体形小，插管方法也独具特点。血管细小，非常脆弱，因此，血管插管操作要求非常精细，而且可用于插管的血管长度短，插管方法不能照搬临床，应做相应的改变。在本章中，将给读者介绍插管的基础知识和不同血管插管的特点。

一、可用于插管的血管

小鼠大动脉，例如，主动脉、颈总动脉和股动脉等，约有四层平滑肌。体内常用来插管的动脉有颈总动脉、股动脉和腹主动脉。不常用的动脉有股动脉皮支、隐动脉、髂腰动脉、尾正中动脉等。静脉的平滑肌一般只有 1 ~ 2 层。常用来插管的静脉有颈外静脉、后腔静脉、股静脉、门静脉和尾侧静脉等。不常用的静脉有股静脉皮支、髂腰静脉、盲肠静脉、阴茎背静脉和隐静脉等。

二、插管常用器械和耗材

（1）PE 管（表 63.1）。

表 63.1　常用 PE 管

规格	外径 / mm	内径 / mm	容量 / (μL / cm)
PE 10	0.61	0.28	0.6
PE 20	1.09	0.38	1.1
PE 25	0.91	0.46	1.7
PE 50	0.97	0.58	2.6
PE 60	1.22	0.76	4.5
PE 90	1.27	0.86	5.8

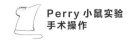
（2）硅胶管：多用于连接插头和钝针头。

（3）管镊：有不同规格，根据导管的大小选用。PE 管用平镊夹持会变形，必须使用管镊。

（4）显微套管针（图 63.1）：用于较大、较固定的血管，方便快速。例如，用于尾侧静脉插管。

图 63.1　显微套管针

（5）组织胶水：用于固定插管，比传统的缝线结扎快捷。

（6）结扎线：一般用 8-0 至 6-0 显微缝线。避免使用较硬而滑的单股尼龙线。

三、一般插管操作方法

传统的血管操作程序包括：先阻断血流，再在血管上开口，然后插管并固定之。

（1）阻断血流：为了避免在血管开口时出血，一般在插管前先阻断血流。阻断方式有多种，可用结扎线、血管夹、管线、垫片、弹力钩、拉线等辅助。

（2）血管开口：一般插管前需要在血管上开口，方法有剪开血管、针刺扩口等。由于血管细小，也可以在血管壁上直接刺入锋利的灌注穿刺头或套管针。

（3）插入方式：除了直接插入之外，还有用棉签推送血管套入插管、利用导管针钩插管等方式。

（4）固定插管方法：结扎线、组织胶水、弹力箍、胶带等都可以用于固定。

（5）封闭插管外口：可用管塞、结扎等方法。

四、插管中的特殊操作

（1）股静脉逆向插管：先插插头，后连接硅胶管。

（2）颈外静脉逆向插管：通过胸肌穿刺插管，可避免出血。

（3）颈总动脉插管：用垫片等多种方法先断血再插管。

（4）股动脉皮支插管：用棉签推送血管套入插管。

（5）后腔静脉逆向插管：用穿剑突固定插管来解决高度差异的困难。

（6）升主动脉插管：通过左心室插管。

第 64 章

主动脉插管脑灌注

一、背景

常用脑灌注方法多是从心脏或后腔静脉插管行全身灌注。为了提升脑灌注效率和质量，可以用升主动脉插管、降主动脉阻断的方法代替全身灌注。本章介绍这种改良的高质量局部灌注技术。

二、解剖基础

血液自左心室搏出，除了少量进入冠状动脉之外，全部进入升主动脉。主动脉有一个分支为头臂干（图 64.1），其分出右锁骨下动脉和右颈总动脉；还有一个分支为左颈总动脉（图 64.2）。当在左锁骨下动脉和左颈总动脉之间阻断主动脉血流时，进入升主动脉的血流将大量进入左、右颈总动脉和右锁骨下动脉。将右心耳剪开后，脑部血液经静脉回右心，从剪开的右心耳流出。🔢

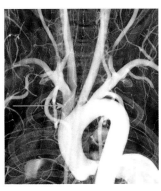 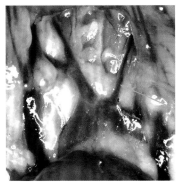

图 64.1 小鼠血管造影，箭头示头臂干

图 64.2 左颈总动脉，如箭头所示

胸廓内壁左、右各有一条胸壁内动脉，其距胸中线约 1.5 mm，有同名静脉伴行。纵向剪开肋骨时，不要损伤此动静脉（图 64.3），以避免大量出血。

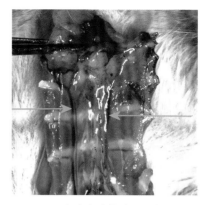

图 64.3　胸壁内动静脉，如箭头所示

三、器械与耗材

（1）自制插管：PE 10 管 2 cm，加热使前端成为膨大头 ⑨。后接 5 cm 硅胶管，通过 22 G 钝针头连接 3 mL 注射器。注射器及硅胶管中预置灌注液，排尽空气。

（2）其他器械与耗材：10 cm 皿碟；4 cm 大血管夹和微血管夹；显微平镊；管镊；显微剪；7-0 显微缝线；纸胶带；棉签。

四、操作方法

主动脉插管脑灌注法见图 64.4。▶

1. 小鼠常规麻醉，胸腹部备皮，无须消毒。

2. 仰卧位于皿碟内，用纸胶带以"大"字形固定小鼠四肢。
↓

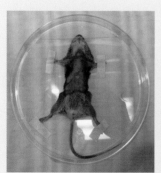

3. 前门齿用弹力线固定。→

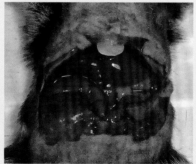

4. 于前腹部横向剪开皮肤，沿肋下缘水平剪开腹壁，剪断膈肝系膜，充分暴露横膈膜。↓

5. 贴胸廓前缘剪开横膈肌，开放胸腔。自此时手术动作不可迟缓和停顿，以防凝血，影响灌注。↓

6. 沿两侧腋中线，由后向前纵向剪开肋骨，直达第一肋骨处。→

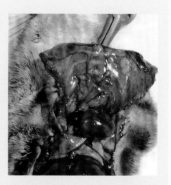

7. 用大血管夹夹住剑突，向前翻起胸廓。↓

8. 完全暴露心脏。在左颈总动脉和左锁骨下动脉之间做主动脉预置结扎线，摆放插管。→

9. 用显微平镊托起心尖，配合缝针缝心尖。→

10. 缝针穿过心尖肌肉，不打结，不剪断缝线。↓

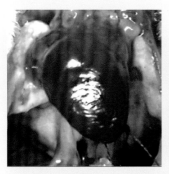

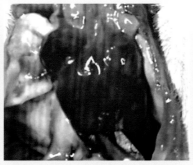

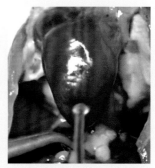

11. 迅速拉紧缝线，用纸胶带固定于尾侧皿碟外沿。↓

12. 用棉签将胸腺向前推，暴露升主动脉。→

13. 心尖缝线上缘横行剪开心肌1 mm，做左心室切口，切口大小仅容插管进入。→

14. 迅速将插管头插入左心室切口。↓

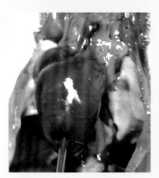

15. 插管头进入升主动脉至少 1 mm。→

16. 用微血管夹于升主动脉外夹住插管颈部，使之固定于动脉中。血管夹卡住膨大头后方，使插管不能向后脱出。→

17. 于左锁骨下动脉和左颈总动脉之间结扎降主动脉。箭头示结扎位置。↓

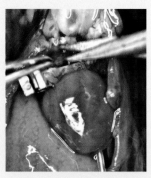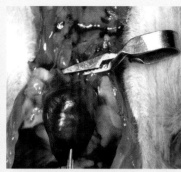

20. 小鼠心脏最后停止跳动于灌
注过程中。↓

21. 灌注完毕，采集脑标本。

18. 剪开右心耳。→

19. 开始灌注。图中可见蓝色药液
进入双侧颈总动脉。→

图 64.4　主动脉插管脑灌注法

操作讨论

（1）如果实验设计没有限制，小鼠先
行静脉注射，全身肝素化，以避免脑内血
栓形成。

（2）灌注液、灌注时间、灌注量以及
灌注速度取决于实验设计。

（3）不建议用灌胃针代替插管。灌胃
针太重，稳定困难。

（4）出于缩短手术时间和提高灌注效
果的目的，一般不花费时间在结扎右锁骨
下动脉上。如果实验设计要求灌注液必须

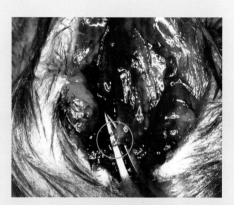

图 64.5　结扎右锁骨下动脉。绿圈示镊子
穿过右锁骨下动脉下方

全部进入脑组织，可以在开胸前结扎右锁骨下动脉（图 64.5），避免右前肢分流。
结扎方法，参见"第 66 章　冠状动脉灌注" 66 。

第 65 章
传统插管

一、背景

动脉插管有逆向插管和顺向插管之分，本章以小鼠股动脉逆向插管为例，介绍传统插管法，方便读者将其与本书中的其他插管方法做比较。

小鼠插管与临床方法不同之处在于，将结扎线从动脉下穿过的操作，临床手术用镊子分离血管与其下方的结缔组织，而在小鼠手术中，笔者不分离血管下结缔组织，仅用缝针带线从血管下穿过，尽量减小手术对小鼠机体的干扰与损伤。

二、解剖基础

股动脉起始于腹股沟韧带，终于隐动脉和腘动脉分叉处，中部有股动脉皮支和肌支两大分支（图 65.1）。⑲

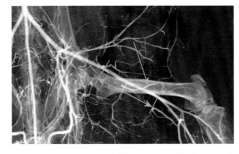

图 65.1 小鼠显微血管造影。双箭头示股动脉段，单箭头示股动脉皮支

三、器械与耗材

（1）PE 10 管穿刺头。

（2）硅胶管：连接 PE 10 穿刺头 ⑨，硅胶管另一端接钝针头。

（3）手术板；显微尖镊；管镊；显微剪；7–0 尼龙缝线（结扎线）；31 G 钝针头；生理盐水。

四、操作方法

以左股动脉逆向插管为例介绍传统插管法（图 65.2）。▶

1. 小鼠常规麻醉，后腹部备皮。
↓

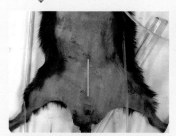

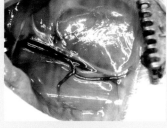

2. 取仰卧位固定于手术板上，垫高左后肢大腿部。图中标记线为皮肤切口部位。→

3. 暴露左股动脉 **19** 。↓

4. 选择股动脉位于皮支分支近端 1 mm 处，用尖镊撕开股动静脉筋膜，暴露少许动静脉。↓

5. 用 31 G 钝针头顶在股动静脉之间，注入少量生理盐水，令股动静脉之间及其下方的结缔组织因充满生理盐水而彼此分离。→

6. 计划由此间隙进针，用缝线做预置股动脉结扎线（第一道线）。↓

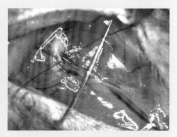

7. 缝针自后肢内侧向外，先向下压住股静脉，再从股动脉下方穿过。针头沿本身的弧度轨迹穿过股动脉下方。→

8. 将缝线沿水平方向，贴着血管拉过股动脉下方，注意避免向上牵拉股动脉。→

9. 在股动脉位于股动脉皮支远端 1 mm 处，以同样方法做第二根预置结扎线（第二道线）。↓

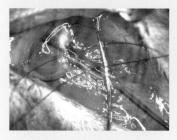

10. 选择股动脉远端，再缝一针。↓

11. 做预置永久结扎线（第三道线）。→

12. 近端的第一道预置结扎线打活结；第三道远端结扎线打死结。→

13. 用剪子在第二道线和第三道线之间做动脉切口。↓

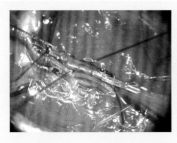 

14. 动脉剪开后，用尖镊夹持第三道结扎线做对抗牵引，将插管逆向插入股动脉，插管前端越过第二道结扎线位置停止。→

15. 将第三道和第二道结扎线分别打死结，固定插管。↓

16. 以灌注股动脉皮支为目标的股动脉逆向插管完成，可以开始灌注。

图 65.2　传统插管法

操作讨论

根据实验目的，小鼠股动脉逆向插管主要分为两种方法：

（1）以躯体造影、给药、采血为目的，采取股动脉近端插管，插管从股动脉皮支近端的股动脉进入。打开第一道结扎线，即可以开始灌注或采血。

（2）以后腹部腹壁、皮下以及皮肤局部给药和造影为目的，采取股动脉远端插管，配合近端股动脉结扎，通过股动脉间接向股动脉皮支给药。

第66章
冠状动脉灌注

一、背景

临床做冠状动脉造影，需要将导管插入其中，然后注射造影剂。小鼠体形太小，目前还缺少足够细小的导管可以插入小鼠冠状动脉并能够注射造影剂，所以传统的临床方法不能简单复制到小鼠模型中。

如果简单地将造影剂注入血液循环，由于进入心腔的造影剂的干扰，势必使冠状动脉影像被完全遮蔽。因此，小鼠冠状动脉造影技术的关键是将造影剂注入冠状动脉，而保持心腔内无造影剂。为此，笔者利用主动脉瓣单向开放的生理特点，设计了将造影剂从主动脉反向逼入冠状动脉的灌注方法。

二、解剖基础

小鼠冠状动脉（图66.1）开口于升主动脉根部，其近端是主动脉瓣。升主动脉的血流方向有二：主要血流进入主动脉，流向远心方向，给全身供血；少部分血流进入冠状动脉，给心肌供血。冠状动脉是主动脉的第一分支，分为左冠状动脉和右冠状动脉；头臂干（图66.2）是主动脉的第二支分支，头臂干止于右锁骨下动脉和右颈总动脉起始点。

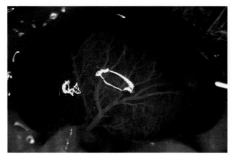 

图66.1 冠状动脉染料造影　　　　图66.2 头臂干，如箭头所示

三、器械与耗材

小动物 X 光机；显微镜；颈总动脉插管垫板；微血管夹；31 G 针头胰岛素注射器；造影剂；组织胶水；7-0 结扎线；肝素生理盐水。

塑料插管：外径约 1 mm，长 10 cm，远端切成 30° 锐角，近端连接胰岛素注射器。

四、操作方法

冠状动脉灌注法见图 66.3。▶

1. 小鼠常规麻醉，胸颈备皮。
↓

2. 眼眶静脉窦注射肝素生理盐水。
↓

3. 将小鼠置于显微镜下，仰卧垫高后颈。挂上门齿令头后仰，双前肢外展固定。
↓

4. 沿颈正中线划开皮肤，暴露右颈总动脉和右锁骨下动脉。→

5. 用垫片断血法在右颈总动脉插管 50 。↓

6. 插管经过头臂干深入主动脉。↓

7. 用组织胶水将插管固定在颈总动脉穿孔处。→

8. 暴露主动脉弓 49 。↓

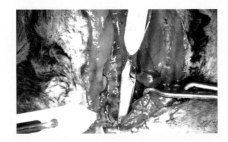

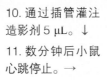

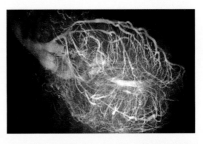

9. 用微血管夹封闭主动脉弓。↗

10. 通过插管灌注造影剂 5 μL。↓

11. 数分钟后小鼠心跳停止。→

12. 静止 10 分钟开始采集冠状动脉影像。图为小鼠冠状动脉显微血管造影像。

图 66.3 冠状动脉灌注法

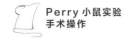

操作讨论

（1）动脉造影剂为高密度颗粒悬混液，进入冠状动脉后不能进入微循环。这样可以避免出现毛细血管和静脉影像。

（2）血管夹封闭主动脉弓，保证造影剂不进入体循环，亦避免造影剂进入心腔内，保证背景干净。

（3）静止 10 分钟，所有肌肉颤抖停止，造影图像更清晰。

（4）如果遇到血管意外损伤等原因，插管难以深入主动脉时，可以用浅插入右颈总动脉，然后用血管夹封闭右锁骨下动脉的方法来取代。这样造影剂同样不会从右锁骨下动脉分流。具体方法见图 66.4。

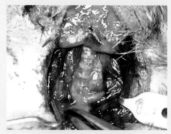 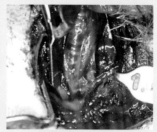 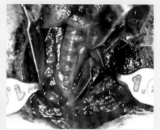

1. 沿着右颈总动脉逆血流方向寻找、暴露右锁骨下动脉。→

2. 用微血管夹封闭右锁骨下动脉，亦可用缝线结扎法进行封闭。→

3. 灌注造影剂前用第二个微血管夹封闭主动脉弓。↓

4. 开始灌注造影剂。

图 66.4　通过右颈总动脉行冠状动脉灌注

第 67 章

套管针

一、背景

　　使用套管针做血管插管，对血管损伤小，而且操作简单。其远端连接注射器接口，无须连接钝针头。有的套管针还带有管箍，方便结扎固定。但是套管针造价比较高。 本章以颈总动脉逆向插管为例，介绍套管针的使用技术。

二、解剖基础

　　由于颈总动脉（图 67.1）较长、大，而且没有分支，与颈内静脉伴行但又不甚紧密，因此是理想的用于插管的动脉 ⑮ 。左颈总动脉（图 67.2）直接从主动脉发出，右颈总动脉从头臂干发出，都可以逆向插管至主动脉内，可用于从血管内测量血压等数据；右颈总

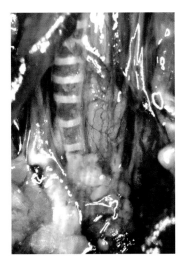

图 67.1　颈总动脉灌注照

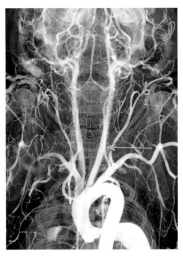

图 67.2　动脉显微血管造影，箭头示左颈总动脉

动脉逆向插管还可以进入心脏；颈总动脉顺向插管，可以通往颈内动脉和颈外动脉做脑内和头面部血管灌注。

三、器械与耗材

（1）显微套管针（图 67.3）：由较硬的光滑塑料管制成，外径 0.4 mm，内径 0.2 mm，壁厚 0.1 mm；内插钢丝针芯。

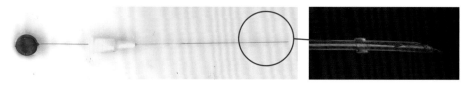

a. 显微套管针全貌　　　　　　　　b. 带管箍的显微套管针头部分

图 67.3　显微套管针

（2）其他器械与耗材：手术板；显微镜；拉钩；显微尖镊；8-0 缝线（结扎线）。

四、操作方法

以颈总动脉逆向插管为例介绍套管针法（图 67.4）。

1. 小鼠常规麻醉，颈部备皮。
↓

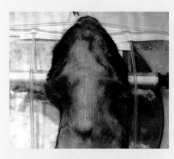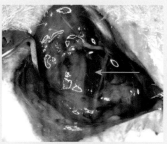

2. 取仰卧位固定于手术板上，垫高颈部。挂上门齿，外展固定双前肢，置于显微镜下。→

3. 暴露左颈总动脉 ⑮ 。箭头示左颈总动脉。→

4. 将结扎线中段从左颈总动脉下方穿过。↓

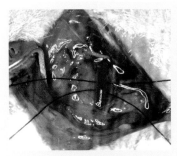

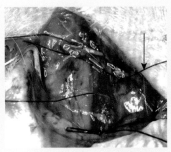

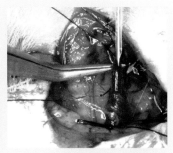

5. 将穿过的缝线中间剪断，成为两根结扎线，分别拉向血管两端，相距 1 cm。→

6. 近端打活结；远端打死结，留长线头。两结之间再穿一根预置结扎线。如图中箭头所示。→

7. 将套管针调好位置，套管尖端斜面向上，钢丝针芯探出套管少许。套管针和注射器内注满灌注液。在靠近远端选择套管插入点，用镊子在血管下方托住做插入的对抗牵引。↓

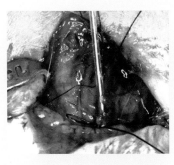

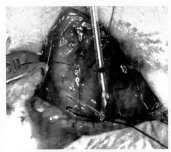

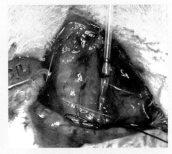

8. 将套管针和钢丝针芯一起逆向刺入血管，直至近端结扎线处。→

9. 用中间的预置结扎线将血管、套管针一起结扎固定。→

10. 用远端的结扎线长线头在血管外面把血管、套管以及钢丝针芯一起结扎固定。↓

11. 松开近端的结扎线，缓慢抽出钢丝针芯，血液随即进入套管针，显示插管成功。待血液充满套管针内，没有气泡时，连接预先吸入灌注液的注射器。少量注入灌注液，以避免套管针内的血液凝固。

图 67.4　套管针法

操作讨论

（1）整个操作过程避免有气泡进入套管，在连接注射器时尤其关键。

（2）钢丝针芯尖端稍微突出于套管针头的斜面，且斜面必须向上，针头背面贴着血管外壁进入血管，否则血管壁会卡在套管和针芯之间。

（3）各类套管针可灵活使用，例如，有套管箍的可以将远端结扎线进行第三次打结，将套管箍结扎固定在一起。

第 68 章
直接插管

一、背景

传统的血管插管步骤是：阻断血流、切开血管、插管、固定插管。若采用直接插管法，可以免除血管切开的步骤。通常插管用的金属针头沉重，不方便固定于小鼠细小的血管上；实验室常用的 PE 管轻便，虽然硬度不够，难以插入大鼠等大型动物的动脉，但小鼠血管细小，管壁薄，将 PE 管一端切成锐角后，可以顺利地插入血管中，再配合组织胶水固定，可以大大节省手术时间。

本章以颈总动脉逆向插管为例，介绍直接插管的操作过程。

二、解剖基础

小鼠体内较大动脉有颈总动脉、股动脉等。颈总动脉（图 68.1）在颈部暴露区可长达 1 cm，没有分支，颈内静脉伴行不紧密，便于进行插管操作。

三、器械与耗材

手术板；PE 10 穿刺头 – 硅胶管插管 ⑨、㉞；管镊；显微尖镊；拉钩；组织胶水；7–0 显微缝线。

图 68.1　右颈总动脉，如箭头所示

四、操作方法

以颈总动脉逆向插管为例介绍直接插管法（图 68.2）。▶

1. 小鼠常规麻醉，颈部备皮。
↓

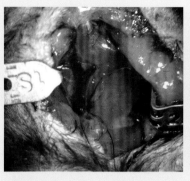

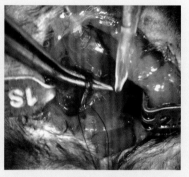

2. 取仰卧位固定于手术板上，暴露颈总动脉 **15**。箭头示右颈总动脉。→

3. 安置拉钩，颈总动脉拉线断血 **56**。→

4. 用管镊夹持 PE 10 穿刺头，用显微尖镊挑起颈总动脉。↓

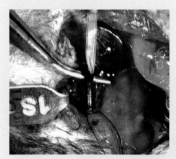

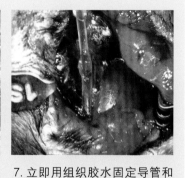

5. 穿刺头斜面向上，在挑起的颈总动脉弯曲部位，逆血流方向直接刺入血管。→

6. 图示穿刺头已经完全刺入血管中。→

7. 立即用组织胶水固定导管和血管。1 分钟后撤除断血拉线，立即可见动脉恢复搏动，并见血液迅速进入导管。↓

8. 没有血液溢出，证明组织胶水封闭良好，血管没有意外破碎。

图 68.2　直接插管法

操作讨论

（1）由于 PE 10 管直径略大于颈总动脉，远端的动脉压无力将其挤出插管口，因此，无须担心漏血。

（2）用组织胶水固定插管口，1 分钟后撤除拉线，不必担心血流会冲出插管口。

第 69 章

短路插管

一、背景

用于制作肺动脉高压和线栓等模型的动静脉短路手术，多用颈总动脉和颈外静脉连通的方法。在本章中，用直接插管和针刺开窗技术结合而成的短路插管法代替传统的血管吻合法，建立颈总动脉与颈外静脉连通，更方便快捷。

二、解剖基础

颈总动脉没有大的血管分支，虽然有颈内静脉伴行，但不是紧密相贴，容易分离。颈外静脉走行于皮下，没有动脉伴行，与颈总动脉有胸骨乳突肌等肌肉相隔（图 69.1）。⑭、⑮

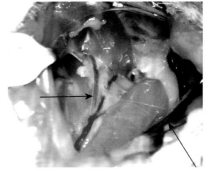

图 69.1　颈部血管。左箭头示左颈总动脉，右箭头示左颈外静脉

在做两侧短路模型时，一侧需要深部分离，暴露颈总动脉，另一侧只做皮下分离，暴露颈外静脉。左侧用动脉，右侧用静脉。

三、器械与耗材

（1）PE 10 管穿刺头：长 1 cm，前端呈 15° 锐角，后端呈 45° 锐角，内充生理盐水。

（2）硅胶管 3 cm，内径与 PE 10 管外径相符，一端连接穿刺头，另一端接 1 mL 注射器，内充生理盐水 ㉕。

（3）其他器械与耗材：手术板；显微尖镊；管镊；拉钩；组织胶水；8-0 缝针；穿刺针；生理盐水。

293

四、操作方法

动静脉短路插管法见图 69.2。

1. 小鼠常规麻醉，术区备皮。
↓

2. 取仰卧位固定于手术板上，上门齿弹力带固定，使头呈后仰位。
↓

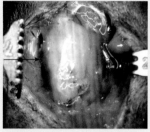

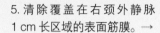

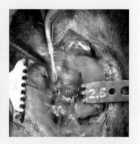

3. 后颈垫高，双前肢弹力线固定呈外展位置。→

4. 暴露右颈外静脉 ⑭。图中箭头示暴露的右颈外静脉。↓

5. 清除覆盖在右颈外静脉 1 cm 长区域的表面筋膜。→

6. 用尖镊夹住右颈外静脉远端做对抗牵引，同时用管镊夹住硅胶管和穿刺头的连接部，直接将穿刺头顺向刺入右颈外静脉 ⑱。接着用连接硅胶管的注射器轻抽血，可见静脉血流入硅胶管，确认插管成功。以生理盐水将血液推回体内。硅胶管内保持生理盐水，避免有气泡。
↓

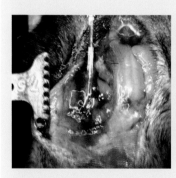

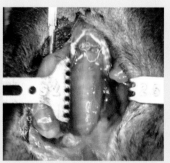

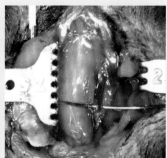

7. 用组织胶水固定静脉插管口。
↓

8. 暴露左颈总动脉 ⑥。→

9. 清除 1 mm 区域的表面筋膜。→

10. 分别在左颈总动脉近端和远端以 8-0 缝针从其下穿过。↓

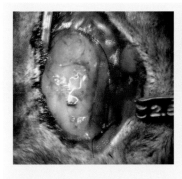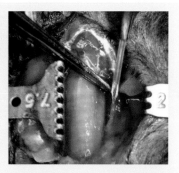

11. 在近端做活扣结扎，在远端做死扣结扎。→

12. 将针头以向心方向刺穿远端动脉后拔针。→

13. 用穿刺头插入进针孔，注意避免导管内存有气泡，用组织胶水固定。↓

14. 将左颈总动脉穿刺头的另一端插入硅胶管，注意确保管中没有气泡。↓

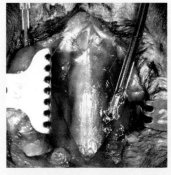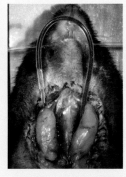

17. 撤除拉钩，左颌下腺覆盖动脉插管口，右颌下腺归位。

15. 解除左颈总动脉近端的结扎线，可见动脉血进入右颈外静脉。→

16. 图中为动静脉插管完成后状况。→

图 69.2　动静脉短路插管法

操作讨论

（1）在第 14 步中，将左颈总动脉插管近端的活扣放松少许，让少量血液进入导管，以证实血流通畅。如发现管中有气泡，需要放出少许血液，冲出管内气泡。

（2）如做血栓模型，需要精确设定硅胶管长度，并在其中置一根丝线，以诱导血栓生成。

（3）在制作肺动脉高压模型时，不必费力做颈总动脉和颈外静脉的端侧吻合。本章介绍的模型更省时省力。连接的硅胶管可以尽量短一些，以能够接通动静脉为限。

第 70 章
穿肌插管

一、背景

小鼠颈外静脉插管是实验中常用的操作，随着实验的开展，技术在不断地改良，从血管切开的传统插管，到发明穿刺头后的直接插管，再到利用胸肌的穿肌插管，使插管操作变得越来越方便、快捷，并避免了不必要的出血。

上述三种插管方式的主要操作特点是：

（1）传统插管：剪开静脉插管；用结扎线固定导管。

（2）直接插管：穿刺头直接插入静脉；用结扎线固定导管。

（3）穿肌插管：特制塑料穿刺头经过胸肌插入静脉；用组织胶水固定导管。

二、解剖基础

颈外静脉位于颈腹面皮下，两侧各一。长约 5 mm，充盈时直径可达 1 mm 以上，是体表较大的静脉。颈外静脉由面前静脉和面后静脉汇合而成，向后越过锁骨中部腹面，进入锁骨下静脉，其间不断有分支加入。它越过锁骨时，进入胸肌前缘深面（图 70.1）。⑭

三、器械与耗材

手术板；管镊；显微尖镊；PE 10 穿刺头 ㉕；硅胶管，连接 PE 10 穿刺头，术前在硅胶管中吸

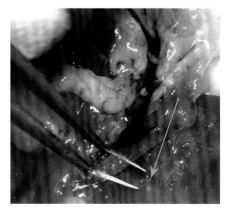

图 70.1 用镊子挑起胸肌前缘，暴露其下方的锁骨下静脉，如箭头所示

入灌注液；组织胶水。

四、操作方法

颈外静脉穿肌插管法见图70.2。▶

1. 小鼠常规麻醉，颈胸部备皮。
↓

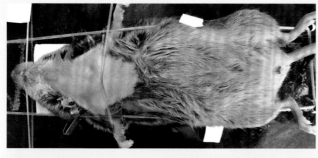 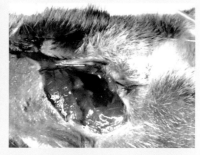

2. 取仰卧位固定于手术板上，后颈部垫高。上门齿挂线，令头后仰，双前肢固定外展。胸部弹力线压迫，以充盈颈外静脉。
→

3. 暴露颈外静脉和胸肌前缘 **14** 。↓

4. 左手将尖镊夹住胸肌做对抗牵引，右手持管镊夹住插管，从胸肌向头侧水平刺入。→

5. 穿刺头通过胸肌刺入颈外静脉，可以清楚地看到血管中的穿刺头，如图中箭头所示。→

6. 一旦穿刺头进入静脉，就可以看到血液进入导管，如图中箭头所示。↓

 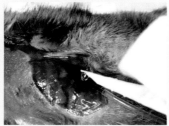 

7. 松开管镊，插管口不会出血。
→

8. 点一小滴组织胶水于插管口。→

9. 图为插管完成后的状态，无须结扎线固定。

图 70.2 颈外静脉穿肌插管法

操作讨论

（1）开始插管前先把插管管位置摆好，即插管完成后的位置。这样在插管管进入静脉后，即使松开管镊，插管也不会自行改变角度和位置，不会自行滑脱出血管，不会漏血。

（2）组织胶水无须多加，避免凝固后影响血液流动。

（3）如需封闭皮肤切口，可以在用组织胶水固定导管时，也将少许点于皮肤切口上，迅速黏合切口。

（4）令颈外静脉充盈的方法：挂上门齿，使头后仰，双前肢外展固定，可以令胸肌拉紧，利用锁骨部位在一定程度上阻碍颈外静脉血流，致使颈外静脉充盈，管径可达 1 mm。外加胸部弹力线压迫，可进一步阻滞颈外静脉血液的回流。

（5）插管进入静脉不出现损伤出血的方法：不切开静脉，直接经过胸肌将插管尖端插入颈外静脉，不但插入时不会出血，拔出时也不会出血，因为静脉穿孔被肌肉封住。

（6）不采用针头，而采用穿刺头直接插入，是因为针头沉重，不容易固定。

（7）不采用蝴蝶针头，是因为导管太粗、太硬。

（8）采用 PE 管，是因为硬度合适；连接管采用硅胶管，是因为其柔软，便于固定。

（9）用组织胶水固定，不用缝线结扎导管，省了结扎和固定缝线的时间。

第 71 章

静脉植线

一、背景

颈动静脉短路线栓模型是将一条丝线放在一根导管中，导管的两端分别连接一侧颈外静脉和对侧颈总动脉，其目的是使血流通过导管时在丝线上产生血栓。

本章介绍一种快捷的线栓制作方法，该方法无须做血管插管或血管吻合等繁杂的手术，对小鼠损伤也相对轻微。

二、解剖基础

颈外静脉（图 71.1）除了起始部的面前静脉和面后静脉之外，还有众多分支，但是都相对细小。

三、器械与耗材

手术板；显微尖镊；29 G 针头，内置 6 cm 7-0 丝线，针孔露出 2 mm 丝线（图 71.2）。

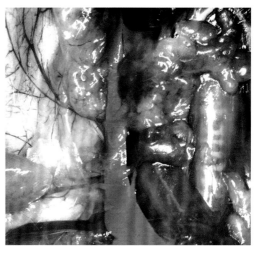

图 71.1　右颈外静脉染料灌注照，胸浅肌已经切除，暴露颈外静脉向心端

图 71.2　内置丝线的 29 G 针头

四、操作方法

静脉植线颈外静脉线栓制作法见图 71.3。▶

1. 小鼠麻醉满意后，颈部备皮。
↓

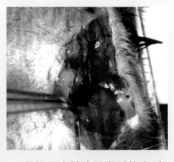

2. 取仰卧位固定于手术板上，垫高后颈。上门齿挂线，令头后仰。双前肢外展固定，弹力胶管压迫颈外静脉。→

3. 暴露颈外静脉 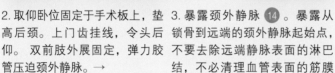 14 。暴露从锁骨到远端的颈外静脉起始点，不要去除远端静脉表面的淋巴结，不必清理血管表面的筋膜组织和脂肪。↓

4. 将丝线从针孔插入，从针头接口拉出。针尖外保留 2 mm 丝线，内充生理盐水。→

5. 用镊子夹持胸肌做对抗牵引。针孔向上，针尖从胸肌刺入。↓

6. 继而刺入颈外静脉。露出针孔的 2 mm 丝线随着针尖刺入胸肌而被反折，随针尖一起带入静脉腔内。→

7. 针尖到达颈外静脉远端分叉处时，用镊子顶在穿出处旁做对抗阻挡。针尖从颈外静脉起始部的淋巴结旁穿出。→

8. 针尖穿出静脉 2 mm 时停止。
↓

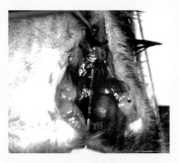 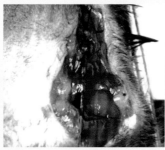 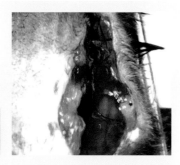

9. 针尖稍后退，被针孔带出的丝线因不随针尖后退而形成一个环，用镊子夹住线环。→

10. 将针头抽回静脉内。线环因被镊子夹住，始终在血管外。→

11. 将针头完全抽出血管，丝线留在静脉内。↓

12. 一般抽出针头不会发生出血。用镊子把线环短头挑出颈外静脉远端。→

13. 剪断血管近端的丝线，注意在血管外保留 3 mm 的长度。→

14. 将皮肤覆盖颈外静脉。↓

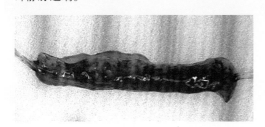

15. 静置 15 分钟，采集线栓。图为采集的线栓。背景标记单位为毫米。

图 71.3　静脉植线颈外静脉线栓制作法

操作讨论

（1）线栓采集流程：阻断两端血流，剪开血管，将血栓连同丝线一起取出。

（2）类似的丝线植入，也可以做双线植入和三角植入等，恕不详述。

第 72 章
游离血管插管

一、背景

小鼠门静脉插管分为顺向插管和逆向插管。逆向插管多用来采集消化道血液，测量口服药物的血液含量；顺向插管多用于静脉给药或采血。

游离血管不稳定，止血困难，注射和插管都比在固定血管上困难一些。本章以门静脉为例，介绍游离血管插管技术。

二、解剖基础

小鼠仰卧位开腹，看不到门静脉。将十二指肠向左翻起，可以发现门静脉走行于胰腺表面的肠系膜内（图 72.1）。**49**

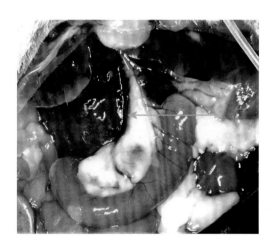

图 72.1　门静脉

三、器械与耗材

（1）PE 10 管穿刺头和硅胶连接管（图 72.2），硅胶连接管一端连钝针头注射器，另一端连穿刺头；穿刺头 10 mm，一半儿插入硅胶管内 **9**。

（2）管塞：5 mm PE 10 管，用双极电烧烙器烧化封闭一端，另一端剪成 45° 锐角。

（3）其他器械与耗材：手术板；显微尖镊；管镊；棉签；组织胶水；生理盐水。

四、操作方法

门静脉插管法见图 72.2。▶

1. 小鼠常规麻醉，腹部备皮。
↓

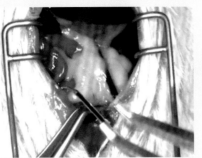

2. 取仰卧位固定于手术板上，垫高腰部，固定四肢。↓

3. 常规开腹 **17** 。安置拉钩，暴露腹腔。↓

4. 用生理盐水润湿的棉签将肝向前推，将十二指肠向左翻，暴露门静脉。→

5. 将灌好药物的插管平行于门静脉放好。左手持尖镊夹住门静脉表面的浆膜，向后拉紧，使门静脉被拉直。→

6. 右手持管镊夹住硅胶管和穿刺头的衔接部，在接近尖镊夹持的部位，用穿刺头下压门静脉，然后水平刺入门静脉。↓

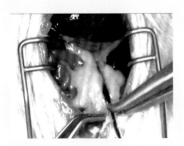

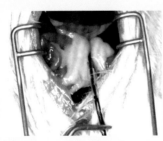

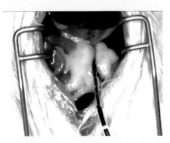

7. 将穿刺头完全刺入门静脉。→

8. 尖镊放开浆膜，门静脉会自动回缩。用管镊夹持穿刺头随着门静脉移动。持尖镊到管镊后面夹住硅胶管，然后放开管镊，用尖镊将硅胶管稳定在门静脉内。→

9. 轻轻放开尖镊，放平导管，这时不会有出血。↓

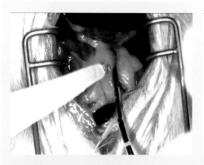

10. 在插管口点一滴组织胶水。→

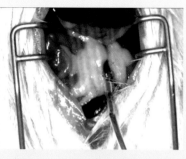

11. 静止 1 分钟，待导管固定后，从静脉抽取少量血液，再用生理盐水回灌静脉，以确认灌注管通畅，没有漏血，组织胶水粘接牢固。完成门静脉插管，十二指肠复位。→

12. 如果需要长期置管，可以把硅胶管引到皮下保存。以下以腹部皮下保存为例介绍：完成插管后，将硅胶管远端从钝针头上拔出，插入管塞封闭。↓

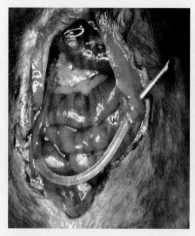

13. 从一侧腹壁切口旁 3 mm 处，由外向内刺入 16 G 针头，引导硅胶管出腹壁。→

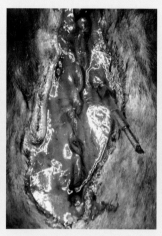

14. 缝合腹壁，将硅胶管远端和管塞置于皮下。→

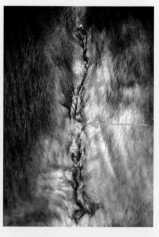

15. 间断缝合皮肤切口。以备日后拆开一个缝扣就可以将硅胶管远端和管塞拉出行采血或灌注。也可以用胶水黏合皮肤切口。图中箭头示日后可重新开放暴露皮下管塞的部位。

图 72.2　门静脉插管法

操作讨论

（1）拉直静脉是做游离静脉插管操作的原则。

（2）插管前摆好插管位置，是插管前的必需步骤。否则插管后一旦放开镊子，插管会移位，发生漏血，甚至脱落。

（3）插管时发生漏血，多因反复插管所导致的血管壁刺入口松弛。成功的插管要一次完成。

（4）日后再次开启插管时发现阻塞，可以用生理盐水高压冲洗。如果实验允许，在插管手术结束时，管内灌注肝素生理盐水，再用塞子封闭。

（5）若插管1小时后动物死亡，多见于门静脉完全阻塞，所以不可用结扎线固定插管和门静脉，亦不可使用过多组织胶水。

第 73 章
紧插管

一、背景

后腔静脉向心插管，多用于器官灌洗。传统方法是先结扎血管，再切开静脉，插入插管、固定插管、器官灌洗、开放结扎。本章介绍一种快速插管法：PE 60 管较硬，可将其一端切成锐利的尖端，作为穿刺头直接刺入后腔静脉，由于其外径仅略大于后腔静脉管径，因此不会撑破血管。该方法无须结扎血管和切开静脉等步骤，节省了操作时间。

二、解剖基础

后腔静脉（图 73.1）由两侧髂总静脉汇合形成；前行中，其背面先有荐中静脉汇入，然后有数支腰静脉和生殖静脉汇入，继而有右髂腰静脉汇入，再先后汇入左、右肾静脉和肠系膜前静脉，继续前行则有肝静脉汇入。后腔静脉插管的范围多选择在靠近起始处到左肾静脉分支处之间。⑱

后腔静脉和腹主动脉共同走在同一筋膜囊中。成鼠血管筋膜囊内多有脂肪，肥胖小鼠尤甚。故分离脂肪和结缔组织，撕开血管筋膜，才能充分暴露后腔静脉。

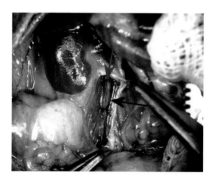

图 73.1 后腔静脉和腰静脉。两个红箭头示腰静脉，黑箭头示后腔静脉

三、器械与耗材

（1）PE 60 穿刺头 ㊵：1 cm PE 60 管（外径 1.22 mm），一端切成 30° 锐角，另一端

插入硅胶管 6 mm。

（2）硅胶管长 6 cm，一端连接钝针头和注射器，另一端接 PE 60 穿刺头。

（3）其他器械与耗材：手术板；拉钩；管镊；显微尖镊；组织胶水。

四、操作方法

后腔静脉紧插管法见图 73.2。▶

1. 小鼠常规麻醉，腹部备皮。
↓

 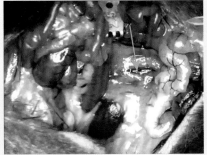 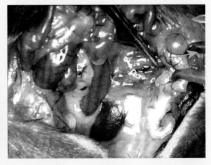

2. 取仰卧位固定于手术板上，垫高腰部 1 cm。四肢弹力线固定。常规开腹 ❶❼。图中红线示开腹部位。→

3. 两侧安置拉钩，暴露 1 mm 后腔静脉 ❶❽。图中左为头侧，右为尾侧，箭头示后腔静脉。→

4. 用尖镊夹住后腔静脉远端做对抗牵引。图中箭头示牵引方向。↓

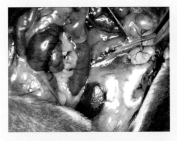 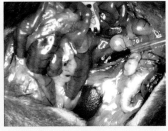

7. 调整穿刺头的插入角度，使之与静脉平行，保证导管在静脉内行进方向与血管相同。进入静脉 4 mm 时停止。因为是紧插入，短时间操作无须其他固定措施。插管完成。

5. 用管镊夹住 PE 管与硅胶管接口处，斜面向上，配合尖镊对抗牵引，将穿刺头斜下刺入后腔静脉。→

6. 穿刺头进入后腔静脉后，即可见血液缓慢流入导管。→

图 73.2　后腔静脉紧插管法

Perry 小鼠实验手术操作

操作讨论

（1）如果用普通金属针头代替 PE 穿刺头，因针头比较沉重，容易滑脱，不得不用结扎线固定，操作程序烦琐。

（2）如果需要较长时间灌注或抽血，可以用少许组织胶水固定穿刺头与血管（图 73.3），待组织胶水干后半分钟，即可以开始灌注或抽血等操作。

（3）紧插管对血管损伤大，一般用于术后结扎该血管或用于终末实验。

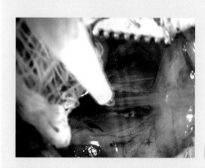

图 73.3　组织胶水固定穿刺头和血管

第 74 章
穿皮逆向插管

一、背景

小鼠后腔静脉逆向插管用于向后肢和尾部给药。小鼠仰卧时，胸廓腹面远远高于后腔静脉，给导管插入造成很大困难；插进去的导管也常常因为没有足够的空间而向横侧滑走，以致导管脱落。本章介绍单人手术时避免导管滑脱的操作方法。

二、解剖基础

后腔静脉是前腔静脉在腹部的延续，其紧贴脊椎，走行于脊椎和腹膜壁层之间。小鼠仰卧开腹观察，其近端为肝遮蔽，剑突水平面远远高于后腔静脉。靠近后腔静脉近端逆向插管时，这个水平高度差极妨碍操作（图 74.1）。⑱

三、器械与耗材

（1）穿刺头：1 cm PE 50 管，前端切成30°锐角，后端切成45°锐角，插入硅胶管0.5 cm。

（2）5 cm 硅胶管，前端套在穿刺头后端，后端接注射器。

（3）其他器械与耗材：显微尖镊；管镊；拉钩；16 G 针头；钝针头；组织胶水；注射器。

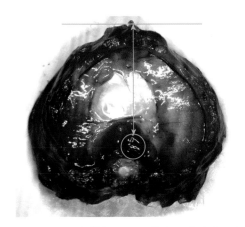

图 74.1　膈肌横切面，双箭头示胸廓腹面与后腔静脉之间的距离，约为 2 cm，绿圈示后腔静脉的位置

四、操作方法

后腔静脉穿皮逆向插管法见图 74.2。▶

1. 小鼠常规麻醉，腹部和胸部备皮。
↓

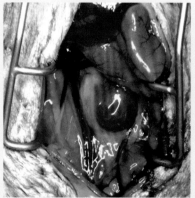

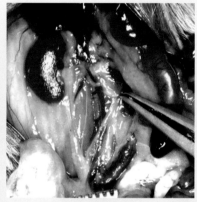

2. 取仰卧位固定于手术板上，垫高腰部。绿线示开腹部位。箭头示剑突。→

3. 常规开腹 ⑰，暴露腹腔。将肠向左推，暴露后腔静脉。→

4. 在后腔静脉的左肾静脉分支处，清理其后方的静脉表面筋膜，至少 1 mm² 范围。↓

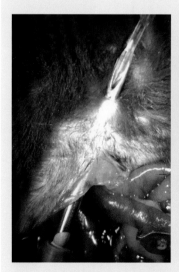

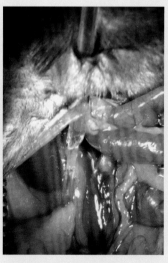

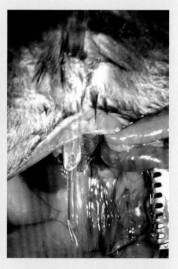

5. 用针头从内向外刺穿剑突及皮肤，将穿刺头插入针孔内数毫米。→

6. 针头后退，令穿刺头和硅胶管穿过皮肤，带入腹腔内侧。→

7. 调整穿刺头，使其与后腔静脉同轴向，如图所示。↓

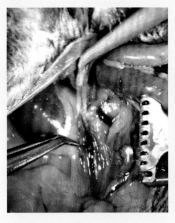

8. 左手持尖镊夹住暴露的后腔
静脉旁边的腹膜，右手持管镊
夹住穿刺头，小角度刺入后腔
静脉。→

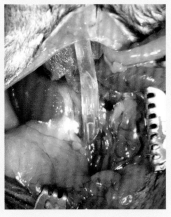

9. 将穿刺头全部插入后腔静脉。
→

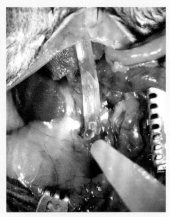

10. 将少许组织胶水点在插管
口，使导管和静脉固定在一起。
↓

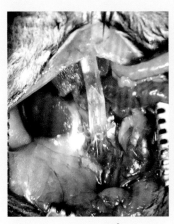

11. 静置 1 分钟，待胶水凝固。
→

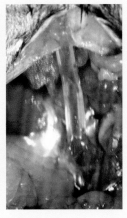

12. 注射器回吸，血液
进入导管，确认插管
成功。

图 74.2 后腔静脉穿皮逆向插管法

操作讨论

柔软的硅胶管在剑突到后腔静脉之间连接穿刺头和注射器，保证穿刺头的自由
摆放位置不受剑突和后腔静脉之间 2 cm 垂直差距障碍的影响。

第 75 章
先插后接

一、背景

小鼠股静脉逆向插管用于采集后肢的静脉血液，或向后肢做静脉灌注，也可以配合阻断股静脉远端，做腹股沟皮下肿瘤灌注。

小鼠股静脉夹在隆起的后腹壁和大腿股内侧肌之间，做股动脉顺向插管或股静脉逆向插管时，插管的尾部总是顶在腹壁上，操作十分不便。

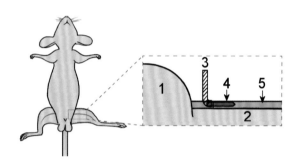

1. 腹部；2. 后肢；3. 硅胶管；4. 穿刺头；5. 股静脉

图 75.1　股静脉穿刺示意

本章介绍的插管是由硅胶管连接 PE 管穿刺头制成，先将穿刺头插入股静脉，然后再连接硅胶管（图 75.1），避免了操作中硅胶管顶在腹壁上的不便。

二、解剖基础

小鼠股静脉（图 75.2）有股动脉伴行，始于腘静脉和隐静脉汇合处，止于腹股沟韧带，中部有股静脉肌支和皮支 (腹壁浅静脉) 汇入。其表面有隆起的腹壁覆盖。手术暴露股静脉时，需要将腹壁从股静脉表面拉向内侧，而由股静脉近端一侧插入插管，操作受限于内侧隆起的腹壁（图75.3）。

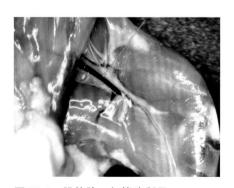

图 75.2　股静脉，如箭头所示

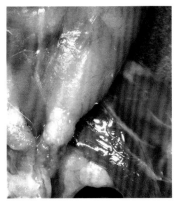

a. 腹壁被拉向内侧   b. 隆起的腹壁与股静脉位置示意

图 75.3　隆起的腹壁限制插管操作

三、器械与耗材

后肢手术板；PE 10 穿刺头 ❾ 和硅胶管，穿刺头长 1 cm，硅胶管长 8 cm ㉕；管镊；显微镊；7-0 显微缝线（结扎线）；纸胶带。

四、操作方法

股静脉逆向插管法见图 75.4。▶

1. 小鼠常规麻醉，后腹部备皮。
↓

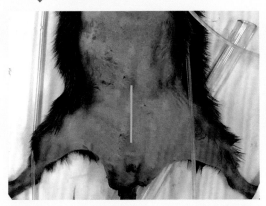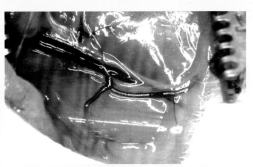

2. 取仰卧位安置于后肢手术板上。双侧后肢用纸胶带固定，术侧后肢大腿垫高。图中绿线示开腹部位。→

3. 暴露股静脉 ⑲。↓

5. 用尖镊牵拉股静脉近端结扎线，做插管时对抗牵引。选择靠近股静脉近端结扎点处做插入点，用管镊夹持没有连接硅胶管的穿刺头，穿刺头斜面向下。→

4. 用缝线结扎股静脉两端 **51** 。远端结扎线为活扣；近端结扎线为死扣，留长线头，准备用于插管完成后，将穿刺头固定在股静脉外面的第二次结扎。→

6. 配合尖镊的对抗牵引，以45° 将穿刺头刺入股静脉。然后迅速调整穿刺头角度，使其与血管走向相同，同时使穿刺头深入股静脉，直达远端结扎处。↓

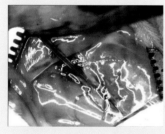

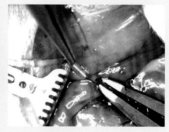

7. 穿刺头越过肌支，不会有来自股静脉肌支和皮支的静脉血流出，可以放开穿刺头准备连接硅胶管。→

9. 硅胶管套上穿刺头的深度不少于 1 mm。完成连接，用股静脉近端结扎线将穿刺头固定在股静脉外面。↓

10. 拆除股静脉远端结扎线，血液开始大量进入导管。确认插管成功，并且没有漏血。

8. 用管镊固定穿刺头，硅胶管内注入生理盐水，用尖镊夹住硅胶管，将其套入穿刺头。→

图 75.4　股静脉逆向插管法

操作讨论

（1）由于硅胶管柔软，方便随时与穿刺头连接。

（2）穿刺头先深入股静脉，并越过肌支分支处，阻挡了来自肌支的静脉血，使其不能进入穿刺头，因此，不用担心穿刺头插入静脉会有大量出血。

（3）如果需要向股静脉皮支（腹壁浅静脉）灌注，股静脉远端保持结扎状态，穿刺头退到股静脉皮支分支处的近端，同时结扎股静脉肌支。

（4）穿刺头内不可有气泡。

第76章
针钩导入

一、背景

小鼠股动脉插管是常用的实验操作。传统上是依照临床方法，在股动脉上剪一个小口，然后将导管插入。小鼠血管细，精准地用剪刀在细小的血管上剪出 1/2 管径的小口，手术精度要求很高。剪口不够大，导管难以插入；剪口过大，血管经受不起对抗牵拉，插管时血管很容易被拉断。在临床和大动物手术中很标准的操作，在小鼠身上难度会增大很多。即使在血管上做出了标准的剪口，还是可能在插管时拉断血管。

插管导入钩在临床上很常用，但是对于小鼠来说，这种导入钩太过巨大而无法使用。用 25 G 针头自制插管针钩作为插管导入钩，不但可以避免剪切血管，减少对血管的损伤，还可以方便安全地直接导入插管。本章以股动脉逆向插管为例，介绍插管针钩的用法及制作方法。

二、解剖基础

股动脉中部有股动脉皮支和肌支，且和股静脉粘连紧密（图 76.1）。 ⑱

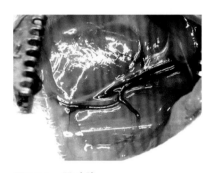

图 76.1 股动脉

三、器械与耗材

手术板；PE 10 管穿刺头 – 硅胶插管 ⑱ ；管镊；显微尖镊；组织胶水；显微缝线（结扎线）；插管针钩（图 76.2）。

图 76.2 插管针钩

四、操作方法

以左股动脉为例介绍针钩导入股动脉逆向插管法（图 76.3）。▶

1. 小鼠常规麻醉，后腹部备皮。
↓

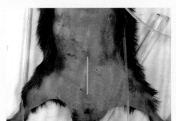  

2. 小鼠取仰卧位安置于手术板上，固定后肢，垫高左大腿。图中标志线为皮肤切开部位。↓

3. 暴露股动脉 ⑲。→

4. 用活扣结扎股动静脉两端及其皮支和肌支，位置如图。→

5. 将插管针钩以斜面向股动脉近端，针尖向远端方向斜下刺入股动脉。↓

6. 刺入后轻轻挑起股动脉，呈15°，方便导管进入。→

7. 将穿刺头斜面向上，紧贴针钩插入股动脉，穿刺头斜面完全进入股动脉时停止。→

8. 轻巧撤出针钩，穿刺头保持在血管内不动。↓

11. 可用少许组织胶水固定导管后，开放股动静脉远端结扎线进行灌注。

9. 配合用尖镊轻夹血管壁，将导管再深入动脉少许，如图所示。→

10. 将尖镊改夹股动脉插管口近端做对抗牵引，将导管进一步深入，直至股动脉远端结扎处。插管完成。→

图 76.3　针钩导入股动脉逆向插管法

操作讨论

（1）针钩用于动脉较静脉安全，静脉壁太薄，容易被钩破。

（2）单纯做动脉插管，不用分离股动静脉。节省时间，没有分离血管造成的机体损伤。

附：导管针钩制作

（一）材料

25 G 注射针头。

（二）工具

针持。

（三）制作方法

插管针钩制作方法见图 76.4。

1. 用针持在针尖斜面后夹住针头。→

2. 将针孔斜面紧贴于金属板面上。→

3. 针持由斜角度向金属面垂直方向旋转。↓

4. 直至旋转到垂直。→

a. 侧视

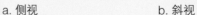

b. 斜视

5. 针孔斜面与针杆呈直角，插管针钩制作完成。图中展示了针头的侧视和斜视效果。

图 76.4 插管针钩制作方法

第 77 章

扩针孔

一、背景

阻断一侧股动脉皮支（腹壁浅动脉）血流，对同侧后腹部皮肤、皮下脂肪和浅筋膜以外的组织供血没有明显影响。股动脉皮支逆向插管，可以在不损伤股动脉的情况下，向股动脉灌注药液，其作用等同于股动脉注射。若配合临时阻断股动脉近端血流，可以选择性地做腘动脉和隐动脉间接灌注；临时阻断股动脉远端血流，可以做髂外动脉和髂内动脉灌注；临时阻断股动脉两端血流，可以做股动脉肌支灌注。

由于股动脉皮支血管管径小于人发丝，不能采用一般插管的对抗牵引，本章为此介绍特殊的插管技术。

二、解剖基础

股动脉皮支起于股动脉中部，游离走行于浅筋膜，穿过腹股沟脂肪垫进入皮肤，分支最终前行与肱动脉皮支沟通，有同名静脉伴行。股动脉肌支与其共同发自股动脉或股中动脉，或在其附近，向下走行于长收肌和股薄肌之间，分出小分支进入沿途肌肉，亦有同名静脉伴行。

股静脉直径约为 800 μm，股静脉皮支直径约为 300 μm；股动脉直径约为 250 μm，股动脉皮支则细如发丝（图 77.1）。

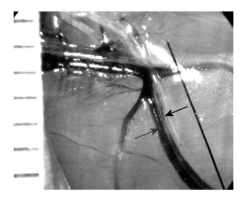

图 77.1　股动静脉皮支。绿箭头示人发丝，黑箭头示股动脉皮支，红箭头示股静脉皮支

三、器械与耗材

（1）穿刺头：PE 10管拉细至外径0.3 mm，尖端切为30°锐角，长1 cm，后接硅胶管。

（2）其他器械与耗材：显微镜；显

图77.2　显微尖头探针

微尖头探针（图77.2）；管镊；显微尖镊；显微尖剪；8-0显微缝线（结扎线）；硅胶管；生理盐水；棉签。

四、操作方法

以左股动脉皮支为例介绍利用扩针孔插管法进行股动脉皮支逆向插管灌注股动脉远端和肌支（图77.3）。

1. 小鼠常规麻醉，后腹部备皮。
↓

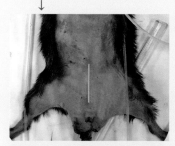

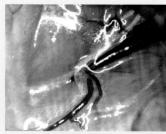

2. 取仰卧位安置于后肢手术板上，后肢固定，垫高术侧大腿。图中绿线示开腹部位。→

3. 暴露股动脉 ⑲ 。→

4. 清理股动脉皮支及其附近股动脉表面的筋膜和脂肪，分离股神经和股动脉。↓

5. 暴露股动脉中部，包括股动脉皮支起始部前后至少各1 mm。→

6. 用尖镊分离股动脉肌支近端的股动脉。↓

7. 用缝针法做股动脉近端的预置结扎线，结扎线由内向外侧，经股动脉下穿过。↓

8. 打活结。→

9. 用尖镊分离股动脉皮支起始处远端的股动脉，用缝针以同样方法活扣结扎远端股动脉。→

10. 图示股动脉皮支两侧的股动脉活扣结扎的状况。↓

11. 清理股动脉皮支表面筋膜。→

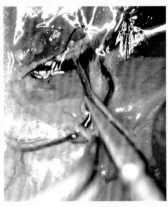

12. 用尖镊轻轻拉直股动脉皮支，用尖剪在距根部 2 mm 处以 45° 将血管剪开，其深度小于管径的 1/2。→

13. 用探针轻柔插入剪口，扩张血管。↓

14. 用棉签和尖镊轻轻地把动脉捋套在探针上，直到探针尖到达股动脉。→

15. 撤除探针，可见股动脉皮支切口已经被扩张，局部血管松弛。用尖镊轻拉住股动脉皮支远端，用管镊夹住 PE 10 穿刺头，插入扩大的动脉切口。→

16. 用生理盐水润湿的棉签将近端股动脉皮支完全捋套上穿刺头。↓

17. 导管深入股动脉后，解除股动脉远端的临时结扎，可以开始灌注。↓

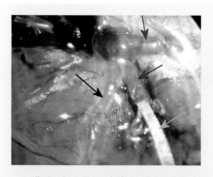

18. 灌注时可见股动脉远端和肌支充盈。图中红箭头示股动脉，蓝箭头示股动脉皮支，黑箭头示股动脉肌支，绿箭头示导管。可见股动脉远端和肌支已经被无色药液灌注。→

19. 灌注完毕，用缝线结扎股动脉皮支起始部。
↓
20. 抽出导管。
↓
21. 拆除股动脉结扎线，恢复股动脉血流。

图 77.3　扩针孔插管法

操作讨论

（1）PE 10 管被拉细后，管壁变薄，灌注阻力增加，灌注时可见药液在管壁呈露珠状渗出（图 77.4）。

（2）股动脉皮支极易痉挛，一旦痉挛，动脉极度收缩狭窄，无法继续进行插管操作，需等 10 分钟后方可恢复，所以要避免过分扰动此血管。图 77.5 中黑箭头示人发丝，可见痉挛的股动脉皮支比发丝更细数倍。

（3）如果实验要求插管灌注时不允许药液进入肌支，必要时可以在灌注前活扣结扎肌支，灌注后再撤除结扎。

（4）灌注前股动脉结扎也可以用微血管夹封闭来代替。

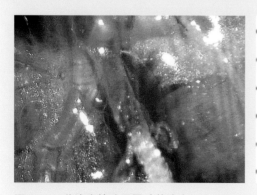

图 77.4　药液在管壁呈露珠状渗出

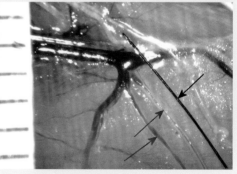

图 77.5　处于痉挛状态的股动静脉皮支。黑箭头示发丝，红箭头示痉挛的股动脉皮支，蓝箭头示痉挛的股静脉皮支

第 78 章

留置针

一、背景

阴茎背静脉是一条在体表直接可见的大静脉血管，不但可以很方便地用于静脉注射，而且还可以用于静脉插管。直接用蝴蝶针头刺入阴茎背静脉并固定，操作非常方便快捷。

二、解剖基础

阴茎分为阴茎体和阴茎头两个部分。一般在麻醉状态下，成鼠阴茎缩于皮下。阴茎至少可以拉出 10 mm（图 78.1），阴茎头长 4 mm。阴茎背静脉位于阴茎体背部（图 78.2），走行于包皮下，自阴茎头边缘向心方向纵向贯穿阴茎全长。静脉两侧各有一条动脉伴行，形成"动 – 静 – 动"血管伴行模式（图 78.3）。

阴茎头内有阴茎骨（图 78.4），其远端尖细，近端膨大。阴茎拉出后，于阴茎头近端可以明显看到阴茎骨的膨大头隆起及其中央沟。这个膨大头也成为阴茎背静脉注射进针点的骨性标志。

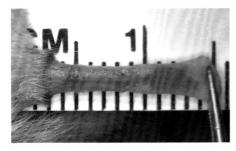

图 78.1　小鼠阴茎

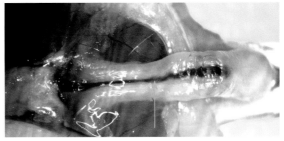

图 78.2　小鼠去皮阴茎，右端为阴茎头，箭头示阴茎背静脉

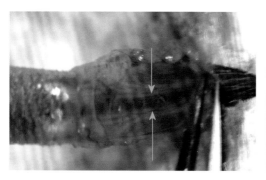 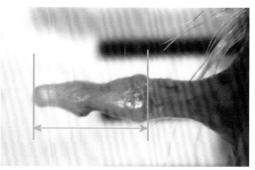

图 78.3　阴茎血管。两个箭头示阴茎背动脉，夹在中间的为阴茎背静脉

图 78.4　去除阴茎头软组织的阴茎骨，长度如双箭头所示

三、器械与耗材

27 G 蝴蝶针头；环镊；无齿弯镊；6-0 缝线（结扎线）。

四、操作方法

留置针阴茎背静脉顺向插管法见图 78.5。

1. 小鼠常规麻醉。
↓

2. 取仰卧位，四肢不必固定。
↓

  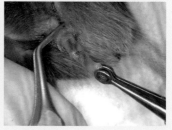

3. 上推包皮，露出阴茎头。
→

4. 将阴茎完全拉出来，保持 20 秒，一般不会立即回缩。安置预置结扎线如图。→

5. 右手持环镊夹住阴茎头，将阴茎拉出。↓

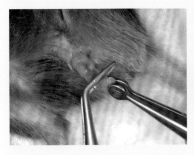 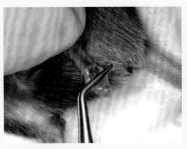 

6. 左手持弯镊夹住阴茎骨膨大头部位，保持把阴茎拉直。→

7. 环镊松开阴茎头，左手食指将包皮向上推，尽量暴露阴茎背静脉。→

8. 将夹着阴茎骨的弯镊向下旋 60°，令阴茎骨中间沟暴露得更清晰。将蝴蝶针头的针杆搭在弯镊上，以稳定针头。针头压在阴茎骨中间沟上，水平刺入阴茎背静脉。↓

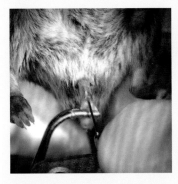 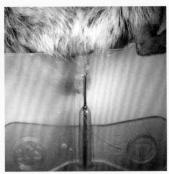 

9. 针尖刺入 2 mm，针孔完全没入静脉即可停止深入，这时透过包皮可以明显地看到针孔。注入药液少许，以确认没有药物漏出，血管通畅。→

10. 在阴茎骨与阴茎体之间固定结扎线，在阴茎外固定针头。→

11. 然后将线头固定在针头的蝴蝶手柄上，防止针头脱落。

图 78.5 留置针阴茎背静脉顺向插管法

操作讨论

（1）结扎线无须系得太紧，避免长时间断血，造成阴茎永久损伤。主要靠结扎线与蝴蝶针头手柄的固定，来防止针头脱落。

（2）如果感觉蝴蝶针头手柄较大，固定不稳定，可以剪除大部分，留下能够固定结扎线的部分就行。

（3）无齿弯镊的持法特殊，因为需要用食指推开包皮，所以用中指代替食指持镊（图 78.6）。

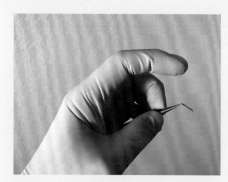

图 78.6　无齿弯镊的持法

第 79 章

插管针

一、背景

迄今为止，实验人员一般用系统给药方法将药物输送到小鼠双后肢，这不可避免地出现全身药物副作用问题。本章介绍笔者研发的技术，可以将药物第一时间输送到双后肢，降低了药物的副作用，也不用担心首过消除问题。

该技术利用动脉内没有瓣膜，尾中动脉远比尾中静脉大，距离腹主动脉近等解剖特点，选择尾中动脉插管定速给药，可实现双侧后肢和后腹部局部动脉给药。通过精准的灌注速度调节，可以控制药物自尾中动脉逆血流至腹主动脉，然后顺流进入左、右髂总动脉。具体灌注速度，根据各实验室的设备确定。

二、解剖基础

腹主动脉后行到骶部发出荐中动脉后，旋即分为左、右髂总动脉而终结。荐中动脉远端延伸成尾中动脉（图 79.1）。

三、器械与耗材

（1）尾箍（图 79.2）：将内径 2 mm 的薄硅胶管切成 1 mm 厚的硅胶环。

（2）其他器械与耗材：29 G 针头插管（图 79.3）；Perry 鼠尾静脉注射固定器（图 79.4）；可调节灌注速度的注射器泵；显微尖镊；1 mL 注射器；酒精棉片；生理盐水。

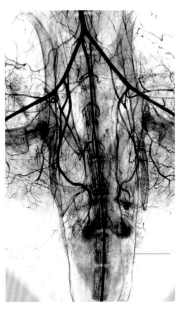

图 79.1 显微血管造影。箭头示尾中动脉

图 79.2　32 G 钝针头与尾箍　　　图 79.3　29 G 针头插管　　图 79.4　Perry 鼠尾静脉注射固定器

四、操作方法

插管针尾中动脉逆向灌注法见图 79.5。

1. 小鼠常规麻醉。

↓

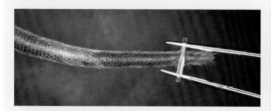 

2. 用镊子撑开两支尾箍，先后套进鼠尾。→

3. 硅胶环前进 4 cm 停止。↓

4. 小鼠仰卧于 Perry 鼠尾静脉注射固定器，尾部拉出。↓

5. 鼠尾局部皮肤用酒精棉片擦拭，令其软化，动脉充盈。↓

6. 插管内预先灌注生理盐水，不连接注射器。于尾箍远端，将 29 G 针头以向心方向刺穿皮肤进入尾中动脉。→

7. 针头进入血管，可见血液进入插管。针头进入动脉 0.5 cm 停止，此时有少许生理盐水自插管接头流出，连接注射器。
→

8. 尾箍向尾端移动。以远端的尾箍套住体外的针头部分。近端尾箍套住血管内的针头部分。↓

9. 将注射器连到注射器泵上。按照设定的速度和剂量开始灌注。

图 79.5　插管针尾中动脉逆向灌注法

操作讨论

（1）常见的后肢和后腹部给药需要切开腹腔，行血管穿刺注射。用尾中动脉逆向灌注法简单方便，但是需要事先测算灌注速度和剂量。

（2）灌注速度和剂量测算：可用蓝色染料灌注测算。打开腹腔，暴露双侧髂总动脉和腹主动脉，设定灌注量，可以很容易找到最佳灌注速度。如果染料从尾中动脉前行到髂总动脉后转向流入左、右髂总动脉（图 79.6），灌注速度适宜；如果同时向腹主动脉逆向前行，说明灌注速度过快。

（3）由于插管针可以反复使用，所以针头不采用更快捷的组织胶水固定，而采用管箍固定。

（4）插管时不连接注射器的目的是方便确认插管是否成功。在插管成功时，可以看到血液流入插管。

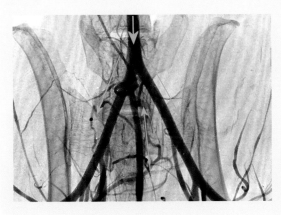

图 79.6　染料从尾中动脉前行到髂总动脉后转向流入左、右髂总动脉。绿箭头示血流方向

第 80 章
管箍固定

一、背景

尾侧静脉是小鼠实验中静脉注射的首选血管。若要求不切开皮肤做静脉插管，尾侧静脉插管也是首选方法。

二、解剖基础

尾侧静脉左、右各一，自尾尖前行，经臀下静脉入髂内静脉（图 80.1）。⑤

三、器械与耗材

（1）硅胶环尾箍：将内径 2 mm 的薄硅胶管切成 2 mm 宽的硅胶环。

（2）其他器械与耗材：27 G 蝴蝶针头；显微尖镊；酒精棉片；生理盐水。

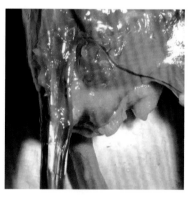

图 80.1　尾侧静脉蓝色染料灌注照，图示染料进入臀下静脉

四、操作方法

管箍固定尾侧静脉顺向插管法见图 80.2。

1. 小鼠常规麻醉，取侧卧位。

↓

2. 用尖镊撑开尾箍，套在鼠尾上。→

3. 尾箍前进至尾后 1/3 处停止。↓

4. 鼠尾局部皮肤用酒精棉片擦拭，做皮肤消毒，令尾侧静脉充盈。↓

5. 将 27 G 蝴蝶针头于尾箍远端 1 cm 处，以向心方向刺穿皮肤，刺入尾侧静脉。→

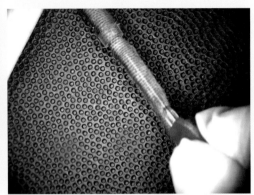

6. 针头前进接近尾箍处停止。↓

7. 用尖镊将尾箍推上针头部位。→

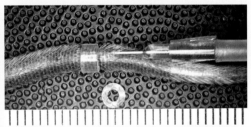

8. 图中尾箍套在血管内针头上起固定作用。↓

9. 注射少许生理盐水，确认针头在静脉内。

图 80.2　管箍固定尾侧静脉顺向插管法

操作讨论

（1）插管完成后，蝴蝶针头的翅膀可以剪除，以减轻针头质量。

（2）检查针头是否准确插入静脉，注入生理盐水较抽血更准确。因为尾侧静脉抽血，有时可引起血管壁贴附到针孔上，导致抽不出血来，而被误以为针头在血管外。注射生理盐水时，若局部没有水肿，而且看到近端尾侧静脉颜色因生理盐水灌注而变浅，即可证明针头在静脉内。

（3）进针部位的选择：进针部位取决于鼠尾直径。鼠尾较粗，进针部位靠近尾末端；反之，则靠近尾根处。

（4）尾箍尺寸的选择：以将尾箍套在大多数小鼠尾中部且仅仅能够阻止血流为宜。

12

血管手术：血管吻合

第十二篇

第81章

血管处理

一、背景

　　小鼠血管吻合前将血管断端妥善处理是手术成功的前提条件。血管处理包括截断血管、清理管腔、去除外膜、松弛断端四个步骤。这些步骤缺一不可，但是某些步骤常常被新手所忽略。例如，没有去除外膜，一旦外膜嵌入吻合口，会造成的血管吻合口漏血。虽然在手术效果检查时可以发现，但重新缝合耗费时间，增加组织损伤，降低手术成功率。没有扩张吻合口断端就行吻合手术，会造成术后吻合口狭窄。当术后出现小鼠死亡，尸检时多发现吻合口出现血栓。

二、解剖基础

　　小鼠实验中，常用于吻合手术的血管有腹主动脉、后腔静脉、颈总动脉、颈外静脉、股动静脉、尾中动脉等，都是小鼠体内比较大的血管。

　　动脉有 2～4 层弹力纤维和平滑肌（图 81.1），静脉一般只有一层平滑肌。平滑肌环形包绕血管内壁。血管内壁衬以一层内皮细胞，为内皮细胞层，其深面有组织因子；血管最外层包绕着血管外膜，为疏松结缔组织。

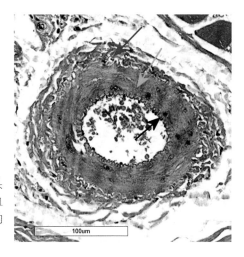

图 81.1　小鼠尾中动脉组织切片，H-E 染色。黑箭头示血管内皮细胞层；绿箭头示平滑肌层；蓝箭头示血管外膜。可见尾中动脉有三层平滑肌，此动脉内径约 80 μm，血管壁厚约 30 μm

Perry 小鼠实验 手术操作

三、器械与耗材

手术显微镜；显微直剪；显微尖镊（图81.2）；血管扩张器（图81.2）；11-0 显微缝线；带框双血管夹（图81.2）；单血管夹（图81.2）；31 G 钝针头（图81.2）；1 mL 注射器；冷生理盐水（4℃）。

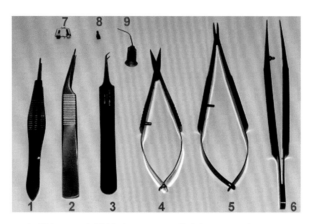

1. 打结镊；2. 血管扩张器；3. 显微尖镊；4. 显微剪；5. 显微针持；6. 镊子；7. 带框双血管夹；8. 单血管夹；9. 31 G 钝针头

图81.2　血管手术常用显微器械

四、操作方法

（一）截断血管

截断血管要求保证截面平滑，不可有锯齿状边缘。截面积根据手术设计确定。直角切开的血管断端截面为圆形，有最小截面积。断面越倾斜，截面积越大。当端端吻合时，如果是两条同样大小的血管，一般采用最小截面积行端端吻合（图81.3a）。

如果 A 血管较大，B 血管较小，有三种方法可以调整。这三种方法可以选择任意一种，或两种同时使用。

（1）斜角截断 B 血管，使其椭圆形的截面周长与 A 血管圆形的截面周长相等（图81.3b）

（2）A 血管做楔形剪切后缝合，缩小其截面的周长（图81.3c）。

（3）B 血管做楔形剪开，扩大其截面的周长（图81.3d）。

（二）清理管腔

血管截断后，管腔内常有残存的血细胞。用 31 G 钝针头深入管腔，以生理盐水冲洗干净，确保管腔内没有固态物残存。

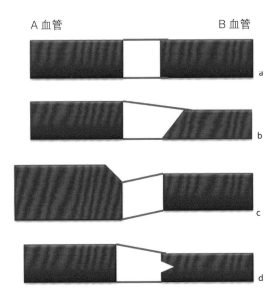

a. 相同口径；b. 斜角截面；c. 楔形缩小；d. 楔形扩大

图 81.3　端端血管吻合对接口径调整

（1）用显微尖镊夹住血管外膜，张开血管断端。

（2）用 31 G 钝针头在血管断端表面轻轻推注冷生理盐水，趁着生理盐水进一步扩大血管断端时，在不触及血管内皮的情况下探入血管，持续用小水流冲洗血管内腔（图 81.4）。

（3）直至针头接近封闭的血管管腔最深处，彻底完成清洗后退出。

（三）去除外膜

剪除血管断端约 1 mm 长的血管外膜，以免外膜嵌入吻合口。

（1）用显微尖镊夹住血管断端处的血管外膜尽量向外牵拉，可以达到 1 mm 长，用显微剪沿着血管断面剪断 1/3（120°）外膜（图 81.5）。

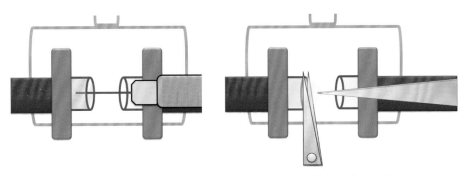

图 81.4　注射器针头深入血管腔内
冲洗

图 81.5　血管断端外膜剪除

（2）继续牵引，再剪断 1/3（240°）外膜。

（3）保持牵引，最后将余下的 1/3（360°）
外膜全部剪除。

（四）松弛断端

将闭合血管扩张器插入血管断端 1 mm
（图 81.6），松开扩张器，令其自行扩张血
管断端至 2 倍大小，而后滑出血管腔。重复
三次。

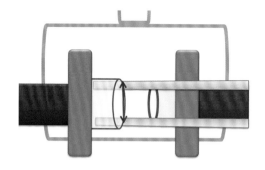

图 81.6　用血管扩张器松弛动脉断端边缘

操作讨论

（1）血管断端平滑肌在吻合术前需要撑开，使其失去弹性，以避免缝合后出现
局部狭窄。良好的撑开效果表现为：血管没有撕裂，但是断端边缘变薄，平滑肌松
弛无弹性。

（2）血管截开后既需要充分冲洗管腔，又不可伤及血管内膜。在接受供体血管
时，残留的供体血细胞未能冲洗干净，会发生排斥反应。

（3）小鼠血管纤细脆弱，术中不允许用镊子夹持平滑肌和内皮细胞层，必要时
可以夹持血管外膜以控制血管位置。

（4）血管外膜薄且无定形，容易在吻合血管时嵌入吻合口中，造成术后漏血。
所以在吻合前清理 1 mm 长的外膜，可以有效地防止外膜进入吻合口。

（5）血管断端需要做楔形处理时，要先松弛断端，后做楔形处理。

第 82 章
端端吻合

一、背景

　　血管端端吻合是血管吻合手术的基本技术，也是器官移植手术中的常用技术。小鼠颈总动脉、颈外静脉、股动脉、股静脉、尾中动脉等大血管都可以用这个方法，其中包括同一条血管切断再缝合；也可以用一段异体血管替换受体同位血管，做两侧的端端吻合；还可以将自体静脉移植到动脉上，例如，截取一段股静脉皮支，移植到股动脉上。

　　端端吻合适用于手术练习。可以在股动脉上进行最单纯的自身血管剪断再缝合，也可以在尾中动脉行多部位多次练习。尾根部尾中动脉虽然比中部略粗，但是其两侧有尾副动脉，妨碍操作，故选择第 9 尾椎远侧的尾中动脉用于练习较为方便。

　　本章以小鼠靠近股动脉皮支近端部位剪断 – 吻合为例，介绍显微手术血管缝合基本技术。缝合、打结、剪线头等在其他相关章节另行介绍。

二、解剖基础

　　小鼠股动脉（图 82.1）位于后肢大腿内侧皮下，为髂外动脉的延续，自腹股沟韧带部位始，止于膝关节附近的腘动脉与隐动脉起始部。

三、器械与耗材

　　详见"第 81 章 血管处理"。81

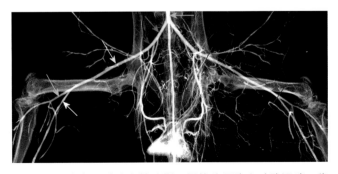

图 82.1　小鼠股动脉血管造影。绿箭头示腹主动脉远端，紫箭头示髂总动脉，红箭头示髂外动脉，黄箭头示股动脉，蓝箭头示腘动脉，白箭头示隐动脉，双头红箭头示股动脉全长

四、操作方法

（一）常规端端吻合

以小鼠股动脉端端原位吻合练习为例进行介绍。

1. 小鼠麻醉满意后，后腹部和后肢备皮。

2. 将小鼠置于显微镜下，固定上门齿和双后肢。

3. 术区无菌消毒。

4. 沿后腹部腹中线切开皮肤。

5. 分离术侧皮肤，安置拉钩。

6. 用棉签暴露股动脉。

7. 在腹股沟韧带到股动脉皮支的股动静脉区域，将 30 G 钝针头刺入股动静脉筋膜，顶在股动静脉之间注射生理盐水，以分离股动静脉。

8. 再用显微尖镊彻底分离股动脉和股静脉。

9. 电烧截断股动脉肌支。

10. 股动脉下放置手术垫片。

11. 放置带框双血管夹，远端向前。

12. 调整距离。控制远端血管夹，将股动脉向近端调整 1 mm，使两个血管夹之间的动脉略松弛。

13. 用显微剪从双血管夹中间垂直剪断股动脉。

14. 用钝针头通过股动脉断端进入管腔。 81

15. 以 20 U/mL 肝素溶液冲洗干净股动脉内的残血。 81

16. 剪除股动脉两侧断端的外膜。 81

17. 用血管扩张器扩张两侧股动脉断端三次。 81

18. 准备 11-0 缝线做血管端端吻合。

19. 第一针在 12 点处做间断缝合，长线头固定于上方挂线夹（图 82.2），剪断长线头。

20. 第二针于 6 点处做间断缝合，长线头固定于下方挂线夹（图 82.2），剪断长线头。

21. 第三针在 10 点处做前壁缝合，用显微尖镊探入血管腔上托，缝针连续穿过两个血管端面打结（图 82.3），留数毫米牵引线。

22. 提拉第三针牵引线，于第二针和第三针的中点做第四针前壁缝合。

23. 剪除第三针和第四针牵引线，完成前壁缝合。

24. 翻转血管夹。

25. 用肝素生理盐水再次冲洗血管腔，同时检查确认没有缝合血管后壁。

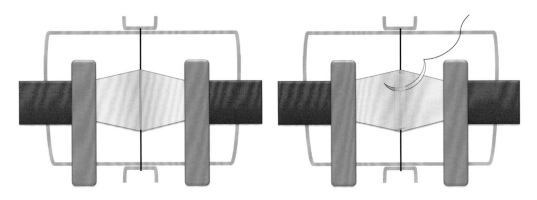

图 82.2　小鼠股动脉端端吻合术第一针和第二针挂线后示意

图 82.3　动脉端端吻合第三针示意

26. 第五针在 2 点处缝合，留牵引线。

27. 牵引第六针线头，在 4 点处做间断缝合。

28. 剪断第五针和第六针的牵引线和固定线，完成后壁缝合。

29. 翻回血管夹。

30. 检查吻合口有无异常，剪断 12 点和 6 点处的血管框挂线。

31. 去除远端血管夹，吻合口如有出血，压迫止血 1 分钟。如果手术顺利，出血会停止。

32. 去除近端血管夹。马上用生理盐水棉纱压迫止血 2 分钟。如果手术顺利，出血会停止。

33. 检查手术质量。用两把打结镊做动脉缝合区远端的血流再充盈实验，观察血流重新充盈的程度和速度。

34. 第一把打结镊夹持部位靠近吻合口远端，阻断血流。第二把靠近第一把的远端侧，轻夹动脉向远端滑动，以清空两把打结镊间的血液。松开第一把打结镊，观察血液充盈

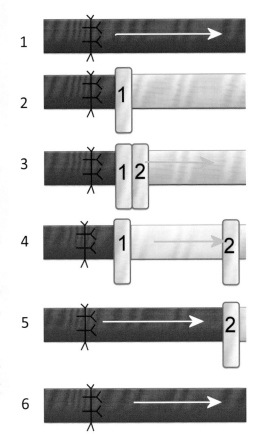

图 82.4　吻合口检查示意。数字"1，2"分别代表第一把打结镊和第二把打结镊。白箭头示血流方向，绿箭头示第二把打结镊的滑行方向

的速度和程度；放开第二把打结镊，观察血液流动是否正常（图 82.4）。

35. 成功的手术，血液迅速充盈，搏动有力。

36. 血液不能迅速充盈，表明吻合口狭窄或管腔堵塞。

37. 确认手术成功后，撤除手术垫片。

38. 去除拉钩。

39. 缝合皮肤切口。

40. 温暖小鼠，待其苏醒返笼。

操作讨论

（1）小鼠股动脉在两个血管夹之间调整略为松弛，避免手术过程中因血管拉力过高而发生血管断端撕裂。

（2）血管连续缝合的方法是先在 6 点处做一针间断缝合，固定血管框挂线；再做 12 点处间断缝合，固定血管框挂线；保留缝针继续做前壁连续缝合到 6 点处，与 6 点线头打结；然后翻转血管夹，完成后壁的连续缝合，最后在 12 点处打结。

（3）对比间断缝合，连续缝合的优点是节省了多次打结的时间，小鼠体内遗留的线头也少。缺点是一旦断线，会出现血崩。

（4）小鼠股动脉 8 针间断缝合，缝线过密，不利于血管愈合；4 针缝合则缝线过稀，会漏血。

（二）后路端端吻合

当条件受限，不允许翻转血管夹时，需要做后路端端吻合。

1. 同"常规端端吻合"步骤 1 ~ 18，恕不赘述。

2. 第一针线头挂于挂线夹上。然后在 12 点后下方血管 1/3 位置、右侧血管断端由外向内进针。这一针需要反手缝合（图 82.5）。

3. 结扣打在血管腔外面。

4. 后路第二针位于第一针与 6 点位置之间。缝法同第一针。

5. 第三针位于 6 点处，缝法同第一针。留长线头挂在 6 点的挂线夹上（图 82.6）。

6. 第四针和第五针间断缝合前壁。选择上、下 1/3 处做间断缝合（图 82.7）。

7. 完成全部缝合，剪断两根挂线。余下操作同"常规端端吻合"步骤 30 ~ 40。

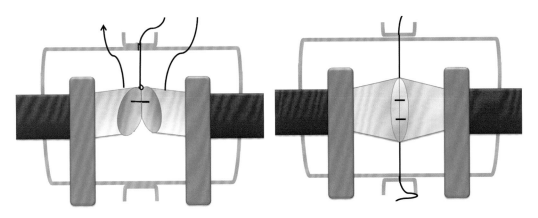

图 82.5　后路端端吻合第一针，需要反手缝合。
箭头示缝针行走方向

图 82.6　图示后壁第二针和第三针缝合

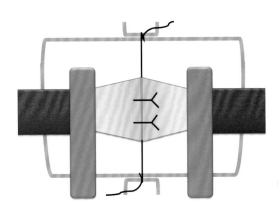

图 82.7　全部缝合完成状态示意。前壁可见两
针间断缝合，后壁还有两针间断缝合

操作讨论

后路端端吻合也可以做连续缝合，减少多次打结，为技术熟练者首选方式。

给药技术

㊶ 门静脉注射

㊷ 盲肠静脉注射

㊸ 肾静脉注射

㊹ 雄鼠生殖静脉注射

㊺ 雌鼠生殖静脉注射

㊻ 髂腰静脉注射

㊼ 腹壁后静脉注射

㊽ 阴茎背静脉注射

㊾ 阴茎头注射

㊿ 股静脉注射

㉛ 股静脉皮支注射

㉜ 股静脉肌支注射

㉝ 隐静脉注射

㉞ 跖背静脉注射

㉟ 尾侧静脉注射

㊱ 膜给药概论

㊲ 眼球表面给药

㊳ 球结膜下注射

㊴ 舌黏膜下注射

㊵ 滴鼻

㉖ 肝浆膜下注射

㉗ 脾浆膜下注射

㉘ 肾浆膜下注射

㉙ 肾纤维膜下注射

㉚ 膀胱膜下注射

㉛ 肠系膜下注射

㉜ 卵巢浆膜下注射

㉝ 睾丸白膜下注射

㉞ 凝固腺管筋膜内注射

㊀ 神经外膜下注射

㊁ 脑内注射

㊂ 前房注射

㊃ 玻璃体内注射

㊄ 眼球后注射

㊅ 肺注射

㊆ 肝注射

㊇ 脾注射

㊈ 肾注射

㊉ 精囊注射

⑧⓪ 子宫腔注射

⑧① 腰椎穿刺

⑧② 骨髓腔注射

⑧③ 膝关节腔注射

⑧④ 腹主动脉筋膜注射

⑧⑤ 股动静脉筋膜下注射

⑧⑥ 浅筋膜内注射

⑧⑦ 提睾肌外筋膜内注射

⑧⑧ 前列腺筋膜内注射

⑧⑨ 淋巴结注射

⑨⓪ 神经节注射

⑨① 间接给药概论

⑨② 鼻腔灌注

⑨③ 经气管灌注肺

⑨④ 经胆总管灌注肝

⑨⑤ 经胆总管灌注胰腺

⑨⑥ 经肾盂灌注膀胱

⑨⑦ 经凝固腺灌注膀胱

⑨⑧ 经尿道灌注精囊

手术操作